───────

트래블로그Travellog로 로그인하라!
여행은 일상화 되어 다양한 이유로 여행을 합니다.
여행은 인터넷에 로그인하면 자료가 나오는 시대로 변화했습니다.
새로운 여행지를 발굴하고 편안하고
즐거운 여행을 만들어줄 가이드북을 소개합니다.

일상에서 조금 비켜나 나를 발견할 수 있는 여행은
오감을 통해 여행기록TRAVEL LOG으로 남을 것입니다.

───────

가고시마 사계절

봄 | 4~5월

봄의 가고시마는 날씨가 종종 변한다. 3월의
가고시마는 겨울이 끝나지 않은 시기로 가끔씩
춥다. 4~5월은 본격적으로 봄이 시작되어 여
름으로 넘어가는 시기로 가고시마 여행을 하기
에 좋다. 농촌에도 씨앗을 뿌리기 위한 준비를
시작하는 시기이다.

여름 | 6~9월

가고시마의 관광 성수기로 맑은 날도 있지만 장마 때문에 한동안 여행하기 힘든 시기이기도 하다. 가고시마의 여름 날씨는 대한민국보다 덥고 습한 편이며 지구온난화로 최고기온이 +38℃까지 올라갈 때도 있다. 덥고 습한 날이 싫은 여행자라면 이를 주의해야 한다.

가을 │ 10~11월

가고시마의 10월은 날씨가 쾌청하고 덥지 않아 여행을 하기 가장 좋은 시기이나 태풍 때문에 날씨의 변동이 심하므로 여행 전에 확실히 확인하고 여행을 떠나야 한다. 여름 성수기의 북적이는 관광객을 피하고 싶다면 9~10월의 태풍을 만나지 않는 시기의 여행을 추천한다. 10월은 태풍으로 변수가 있지만 여름 같은 가을에 가장 아름다운 자연을 만끽할 수 있다. 본격적인 이부스키 온천여행의 성수기가 시작되는 시기이다.

겨울 | 12~2월

가고시마의 겨울 평균 기온은 9.8℃로 춥지 않다. 밤이 길고 어두운 날이 많아 춥다고 느껴질 수도 있지만 온천여행을 하기에는 더할 나위 없이 좋은 시기이다. 겨울에는 이부스키의 모래온천으로 모여드는 관광객이 절정에 다다른다.

Intro

일본의 나폴리라고 불리우는 가고시마는 1년 내내 햇볕이 잘 들어 따뜻하다. 또한 가고시마 어디에서나 볼 수 있는 사쿠라지마화산은 가고시마에 일본 3대 온천을 주었다. 그러나 2013년을 마지막으로 활동을 멈추었으나 지금도 활화산으로서 가고시마에 존재한다.

일본 규수로 여행을 간다고 하면 대부분 후쿠오카를 떠올리고 겨울에는 벳푸, 유후인에서 온천을 즐긴다고 생각한다. 규슈 남단의 가고시마는 일본 3대 온천이 있는 도시로 후쿠오카와 같은 관광지로 성장하고 있는 대표적인 도시이다. 최근에는 저가항공인 이스타항공과 제주항공이 취항을 시작하여 관심이 증대되고 있다.

가고시마는 일본의 근대화를 이끈 대표적인 도시로 역사적인 도시이다. 일본 남단의 땅끝마을인 가고시마는 서양 문명을 가장 먼저 받아들이고 무역으로 성장하였다. 그래서 사이고 다카모리 같은 우수한 인재를 배출하고 막부시대 말기부터 메이지 유신에 걸쳐 근대 일본의 기초를 구축할 수 있었다. 그 때문에 대한민국이 엄청난 고난을 겪었기 때문에 가고시마는 우리에게 굴욕적인 역사를 안긴 도시이기도 하다.

해외여행을 1박 2일부터 2박 3일, 3박 4일로 떠나 따뜻한 햇살에 여유롭게 식사와 커피를 즐기고 싶다면, 사람들로 꽉 찬 해수욕장의 부산함을 피해 나만의 해수욕을 하고 싶다면, 아름다운 겨울 바닷가의 온천에서 여유로운 한 때를 보내고 싶다면 가고시마로 떠나야 한다.
지속적으로 관심이 증가하고 있는 가고시마는 여행자에게 점점 나아지는 도시의 모습을 보여주고 있다. 아직 가고시마에 오는 여행자들은 후쿠오카에서 오랜 기간 여행하는 중에 1박 2일 정도 신칸센을 이용해 방문하는 아쉬운 여행 패턴을 가지고 있지만 최근에는 가고시마만 여행하는 관광객이 급격하게 늘어나고 있다.

가고시마의 세세한 정보까지 원하는 여행자들을 위해 트래블로그 가고시마는 탄생할 수 있었다. 이 가이드북을 위해 덴몬칸의 레스토랑과 카페에서 먹고 시내를 직접 걸어 다니면서 자료를 찾았고, 가고시마 시민들은 친절하게 도시를 알려주면서 같이 가이드북을 만들 수 있었다.

가고시마는 각종 TV프로그램에 소개되면서 새로운 인기 여행지로 변모하고 있다. 이제 대한민국의 많은 관광객이 찾는 여행지로 바뀌어 가는 가고시마이지만 일본어를 모르는 여행자를 위해 쉽게 여행할 수 있도록 정보를 실었다. 가고시마에 대한 정보를 원한다면 트래블로그 가고시마에서 찾아볼 수 있을 것이다.

한눈에 보는 가고시마

가고시마가 위치한 규슈의 남쪽은?

일본 열도를 구성하는 4개의 큰 섬은 홋카이도, 혼슈, 시코쿠, 규슈이다. 위도 상으로 부산 아래에 위치해 있지만 가고시마는 제주도보다도 아래에 위치해 따뜻하다. 화산활동이 활발하여 온천이 많은 것이 특징이다. 일본 남서쪽에 위치한 규슈는 온천과 관광을 한꺼번에 즐길 수 있는 이국적인 풍경을 가진 남쪽의 관광지이다. 규슈 북부의 후쿠오카와 벳푸, 유후인이 대표적인 관광지로 알려져 있지만 규슈 남부의 가고시마에 대한항공뿐만 아니라 저가항공인 제주항공과 이스타항공이 취항하면서 새로운 온천과 관광을 즐길 수 있는 여행지로 소문나고 있다.

▶**위치** | 규슈 최남단
▶**면적** | 9,187㎢
▶**인구** | 170만 명
▶**연평균 기온** | 19℃

가고시마 개념잡기

남북으로 약 600㎞에 이르는 가고시마는 아름다운 자연과 깨끗한 수질을 자랑하는 온천, 활발한 화산 활동을 보여주는 사쿠라지마를 비롯해 7개의 활화산을 가진 매력적인 관광지이다. 가고시마 근교에는 모래찜질 온천으로 유명한 이부스키, 일본 최초의 국립공원인 기리시마, 세계자연유산으로 등록된 야쿠시마 등 다른 지역에서 보기 힘든 다양한 관광지를 갖고 있다. 연평균 기온이 20도에 이를 정도로 따뜻한 아열대성 기후이기 때문에 장마와 태풍이 오는 시기만 제외하면 1년 내내 여행을 할 수 있는 여행지이다.

가고시마는 미야자키와 함께 규슈 남쪽의 위치해 쉽게 찾아가기 힘든 지역이어서 대부분의 관광객은 후쿠오카를 주로 여행하였다. 하지만 저가항공인 제주항공과 이스타항공이 취항하면서 1시간 30분이면 닿을 수 있는 쉽게 여행할 수 있는 관광지가 되어 관광객은 급격히 늘어나고 있다.

가고시마 근교여행 파악하기

이부스키 여행
미나미 규슈에서 남동쪽 방향으로 19㎞ 정도 떨어진 거리에 있는 가고시마에 속한 이부스키는 약 30,000명이 살고 있다. 1년 내내 우오미다케 산과 카이몬다케 화산에서 대자연의 선물을 감상하며 모래찜질 온천을 즐길 수 있다. 치린가시마 섬에 있으면 몸과 마음이 한결 가벼워질 것이다. 이부스키에서 가족 모두 함께 방문할 만한 곳을 찾는다면 카이몬 산 로쿠 자연공원에 가면 된다. 지역만의 식물은 가고시마 화훼 공원과 나가사키바나 정원에서의 여행이 좋다.

▶숙박
숙박 시설이 많지 않은 곳이라 이용하실 수 있는 호텔이 상당히 제한적이므로 숙박을 계획 중이라면 서둘러 예약하는 것이 좋다. 이부스키의 숙박 시설은 이부스키 하쿠수이칸, 규카무라 이부스키 등이 유명하다.

야쿠시마 여행
도시인 구치노에라부 섬에서 남동쪽 방향으로 25㎞ 정도 떨어진 거리에 위치해 있다. 야쿠시마 식물연구단지의 넓은 들판을 걸으면서 다양하고 아름다운 식물과 꽃을 감상할 수 있다. 연간 방대한 양의 폭포수가 흐르는 오코 폭포와 토로키 폭포에 꼭 가보길 추천한다. 센히로 폭포와 뱀의 입 폭포 또한 아름다운 절경으로 인기가 높다.

1년 내내 모초무다케 산과 타츠다케 산에서 대자연을 느낄 수 있다. 풍부한 볼거리로 가득한 야쿠스기 자연관에 들러보고 다양한 전시물을 보다 보면 시간 가는 줄 모를 것이다. 조몬스기 삼나무와 윌슨 삼나무 그루터기 등은 야쿠시마의 대표적인 랜드마크로 관광객 사이에서 인기가 높다. 짤짤한 바다 내음이 나는 역사적 매력을 체험할 수 있는 명소인 야쿠시마 등대에 들러 사진을 찍어보는 것도 좋은 경험이다.

Contents

>> 가고시마 여행에 꼭 필요한 Info

>> 가고시마 IN

공항 / 공항에서 시내 IN

시내 교통 / 버스, 노면전차노선도(가고시마 3대 족욕탕)

가고시마 지도

렌트카

>> 가고시마 핵심도보여행

남규슈의 중심도시

가고시마는 만을 따라 남북으로 길게 뻗어 있는 남 규슈의 도청
소재지이다. 2개의 JR역 중 대표적인 기차역은 남쪽의 니시가고
시마(西鹿児島)역이다. 미나미규슈 최고의 번화가로 불리는 덴
몬칸도리(天文間通り)는 음식과 쇼핑을 즐길 수 있다. 대표적인
관광지인 이소테이엔은 가고시마의 배경을 이루는 언덕에 있다.

About 가고시마

가슴 아픈 침략의 시작

메이지유신 후에는 조선의 정벌을 하자는 '정한론'이 발생한 도시로 우리에게는 아픈 역사의 시작을 만든 도시이기도 하다. 그런 만큼 각종 메이지유신과 관련한 기념비들을 찾아볼 수 있다.

덴몬칸(天文館)

에도 시대에 사쓰마번의 25대 영주인 시마즈 시게히데가 근처에 천문 관측이나 달력을 연구하는 시설인 메이지칸을 세운 데서 유래되었다. 남규슈 최대의 번화가로 대한민국에서 명동 같은 장소가 덴몬칸(天文館)이다. 한창 번화가로 이름을 높이고 있던 2009년 미쓰코시 백화점이 문을 닫고 나서 덴몬칸은 하락을 하고 있다. 특히 JR 가고시마 중앙역 주변을 개발하면서 더욱 하락세는 공고해지고 있다.

원령공주의 시작

미야자키 하야오의 만화인 '원령공주'를 보았다면 가고시마에서 페리를 타고 이동하여 만화영화의 실제 배경인 야쿠시마 섬에 방문 해 보자. 야쿠시마 섬은 일본에서 가장 원시림이 잘 보존되어 있는 곳으로 섬을 구경하다보면 종종 공기 중의 미세한 수증기가 결빙되어 안개가 낀 것처럼 주위가 변하는 현상을 목격할 수 있다.
섬의 주민은 삼림지대에서 트레킹 등의 관광업을 하거나 어업에 종사하고 있다.

활화산인 사쿠라지마

긴코 만을 사이에 두고 가고시마 앞에 솟아 있는 가고시마의 상징 같은 화산이다. 가고시마에서 페리를 타고 15분만 이동하면 지금도 활동 중인 사쿠라지마 화산을 볼 수 있다. 1914년 1월12일에 대폭발로 약 100억 톤의 용암이 흘러나와 바다를 메우면서 육지와 연결되어 반도가 되었다.

가고시마에 관광객이 증가하는 이유

1. 약 1시간 30분 거리에 저가항공의 취항

서울에서 가고시마까지의 거리가 도쿄에서 가고시마의 거리보다 가깝다. 원래 대한항공만을 이용할 수 있던 가고시마는 저렴하게 갈 수 있는 도시가 아니었다. 때문에 저렴한 후쿠오카를 다녀오는 관광객이 대단히 많았다. 그러나 2017년 10월 이스타항공, 2018년 1월 제주항공이 취항하면서 후쿠오카처럼 저렴하게 다녀올 수 있는 도시가 되었다.

2. 모래온천과 파도소리의 환상적인 만남

후쿠오카의 장점으로는 가까이 잇는 벳푸, 유후인의 온천을 쉽게 이용할 수 있는 점이 있다. 하지만 많은 관광객으로 편안하게 온천을 즐기기는 쉽지 않다. 가고시마의 남부에 있는 이부스키는 바닷가에서 모래찜질처럼 즐기는 온천찜질이 최초로 시작된 곳으로, 바닷가에 흐르고 있는 온천수로 달궈진 모래에서 찜질을 한다. 잔잔하게 들려오는 파도소리를 들으며 모래찜질을 하다보면 절로 힐링이 되는 천국 같은 장소이다.

3. 메이지유신의 출발

가고시마는 일본의 역사를 바꾼 메이지 유신이 출발했던 도시이다. 유신의 고향이라 불리는 가고시마의 도시를 걷다 보면 역사의 변화를 실감할 수 있다. 과거 가고시마는 일본의 최남단 도시로 서양 문명을 가장 먼저 접하는 개방된 도시였다.

시마즈 가문의 개입으로 일본 외곽의 조그만 마을이 일본의 근대화를 이루는 첫 계기가 되었고, 아시아와의 무역을 찾아 포르투갈과 스페인이 가고시마의 항구를 이용했다.

S. FRANCISCO X.

4. 과거와 미래 역사가 공존

가고시마의 거리를 거닐다보면 가고시마가 이끈 메이지유신과 관련된 인물들의 동상이 길가 한 편에 세워져 있는 것을 볼 수 있다. 이와 대조되는 차량들의 행렬이나 현대적인 고층건물은 과거와 현재의 모습이 어우러진 가고시마를 실감하게 한다.

5. 먹고 마시는 즐거움

가고시마의 물가는 저렴하지 않다. 물가가 비싼 일본에서는 여행경비를 항상 신경 쓰기 마련이다. 가고시마에는 고구마 소주, 맥주를 비롯해 가이세키 요리 등 다양한 맛집이 존재해 지출이 아깝지 않은, 오감이 즐거운 여행을 할 수 있다. 또한 시 차원에서 한국인 관광객 유치에 공을 들이고 있어 괜찮은 가게들이 늘어나는 추세이다.

가고시마 여행 잘하는 방법

1. 엔화(￥)를 미리 환전하고 출발하자.

가고시마 공항에 도착하면 환전소가 없으므로 환전을 하기가 힘들다. 시내로 이동하려면 버스티켓을 구입해야 하므로 미리 작은 금액(버스 티켓 1,250￥)이라도 환전하고 출발하자. 가고시마 공항은 국내선이 국제선보다 크기 때문에 직원에게 문의를 하려면 국내선으로 이동을 하거나 버스를 타는 2번 정차장으로 이동하면 직원이 있다.

2. 도착하면 빨리 공항버스를 타고 시내로 가자.

가고시마 공항은 국제선이 매우 작다. 어느 도시에 가더라도 해당 도시의 지도를 얻기 위해 관광안내소를 찾아 정보를 얻는 것이 좋지만 이를 위해 시간을 지체하는 것은 바람직하지 않다. 가고시마에 도착하면 인포메이션 센터 옆의 지도와 관광정보를 무료로 받아 빨리 이동하는 것이 좋다.

3. 자신에게 맞는 방식으로 데이터를 사용하자.

통신사 로밍
통신사 고객센터(앱, 114)나 공항로밍센터에서 신청할 수 있다. 1일권, 금액권 등 다양한 플랜이 있으며, 원래번호를 이용해 전화 통화를 사용해야 하는 경우(출장, 사업 등)에 주로 이용한다. 최저 금액이 1만원 대로 가격이 조금 비싼 편이다.
일부 신용카드(우리-수퍼마일, 자유로운 여행, 현대-T3 edition2 등)의 경우 실적에 따라 데이터 로밍 1일권을 받을 수 있으니 사용하고 있는 카드가 해당 되는지 알아보는 것이 좋다.

해외유심
인터넷이나 공항, 현지에서 해당 국가의 유심칩을 구매하는 방법으로 여행기간 동안은 원래의 유심 대신 새 유심을 사용한다. 칩이 바뀌므로 원래번호로 걸려오는 전화나 문자는 볼 수 없다. 일본 유심의 경우 데이터 용량이나 사용기간에 따른 종류가 많다. 장기간으로 여행을 할 경우 사용하기 좋으나, 너무 오래된 기종은 사용 할 수 없는 단점이 있다.

포켓 와이파이
인터넷이나 공항, 현지에서 휴대용 와이파이 기기를 대여하는 방법이다. 사전 예약 시 1일 2500원 정도로 가장 저렴하다. 동시에 여러 대가 접속 가능하다는 장점이 있으나 접속기기 수, 데이터 사용량에 따라 지속시간이 짧아져 보조배터리와 케이블을 같이 가지고 다녀야 한다.

4. 가고시마는 작은 도시로 대부분 걸어서 관광지의 이동이 가능하다.

가고시마는 중앙역과 덴몬칸에 관광지가 몰려 있다. 중앙역에서 덴몬칸까지 걸어서 약 20~30분정도면 도착할 수 있다. 가고시마 시내의 주요관광지를 돌아보는 데 하루면 충분히 볼 수 있다.

5. 이용할 교통수단에 대한 간단한 정보를 갖고 출발하자.

버스와 노면 전차는 현지인들도 많이
이용하는 중요한 시내교통수단이다.
중앙역에서 사쿠라지마에 가기 위해
페리를 타는 곳으로 이동하려면 노면
전차를 이용하는 것이 가장 이동 시간
이 짧다. 일본의 교통수단은 대개 뒷문
으로 탑승하여 내릴 때 앞문에서 버스
비를 내고 하차하기 때문에 미리 동전
을 준비하여 탑승하는 것이 좋다.

노면전차

6. '관광지 한 곳만 더 보자는 생각'은 금물

가고시마는 이제 쉽게 갈 수 있는 해외여행지가 되었다. 물론 사람마다 생각이 다르겠지만
평생 한번만 갈 수 있다는 생각을 하지 말고 여유롭게 관광지를 보는 것이 좋다. 가고시마
는 작은 도시이기 때문에 힘들게 돌아다니지 않아도 관광지를 다 볼 수 있다. 그러니 관광
지를 사정 때문에 못 본다고 해도 실망하지 말자.
한 곳을 더 본다고 여행이 만족스럽지 않다. 자신에게 주어진 휴가기간 만큼 행복한 여행
이 되도록 여유롭게 여행하는 것이 좋다. 서둘러 보다가 지갑도 잃어버리고 여권도 잃어버
리기 쉽다. 한 곳을 덜 보겠다는 심정으로 여행한다면 오히려 더 여유롭게 여행을 하고 만
족도도 더 높을 것이다.

7. 일본으로 여행을 가는 이유는 맛집 탐방과 온천 등 다양하다.

가고시마는 메이지유신이 시작된 역사적인 도시로 2018년에는 메이지유신 150주년을 기념해 여러 이벤트를 하였다.

가고시마의 관광지는 조선이 망하고 일제강점기로 들어서는 시기와도 관련이 있어 대한민국의 역사와 밀접한 관계가 있다. 이러한 내용을 모른 채 관광지를 본다면 재미도 없고 의미도 없는 반쪽짜리 관광이 되기 십상이다.

절대 보지 말아야 할 박물관

절대 보지 말아야 할 '가미가제'박물관도 있으므로 모르고 입장하는 일이 없어야 한다.
1박 2일이어도 역사와 관련된 정보는 습득하고 여행을 떠나도록 하자. 사전에 준비를 한다면 아는 만큼 만족도가 높은 가고시마 여행이 될 것이다.

8. 에티켓을 지키는 여행으로 현지인과의 마찰을 줄이자.

가고시마 시민들은 메이지유신으로 일본의 근대화를 이끌었다는 자부심이 강한 도시이다. 현지에 대한 에티켓을 지키지 않거나, 무심코 했던 행동들이 대한민국에 대한 좋지 않은 인식을 만드니 주의하자.

9. 온천 관광지인 이부스키는 기차보다는 렌트가 편리하다.

가고시마 여행 중 중요한 요소가 온천이다. 온천수가 바다로 흐르면서 데워진 모래로 모래 찜질을 하며 파도소리를 듣고, 노천탕에서 힐링도 할 수 있다. 그런데 가고시마에서 이부 스키는 기차로 이동하려면 기차의 편수가 1시간에 1대 정도밖에 없다. 그래서 이부스키의 온천만 즐기고 오는 경우가 많지만 렌트를 이용하면 이부스키의 가이몬다케까지 다 보고 올 수 있다.

10. 야쿠시마는 고속페리로 이동하는 것이 가장 좋다.

원시림과 청정수가 어우러진 아름다운 야쿠시마는 미야자키 하야오의 만화영화 '원령공 주'의 배경지로 유명하다. 5~10월이 가장 둘러보기 좋은 시기이며, 당일여행을 하려면 아 침 일찍 출발해야 돌아오는 데 문제가 발생하지 않는다. 주말보다는 평일이 관광객이 적어 야쿠시마 여행에 편리할 것이다. 고속페리는 하루에 8편, 페리는 1회 운항하고 있다.

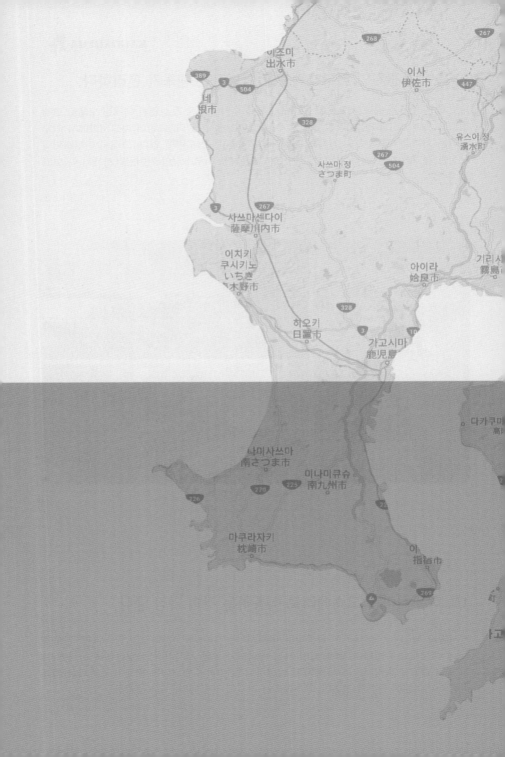

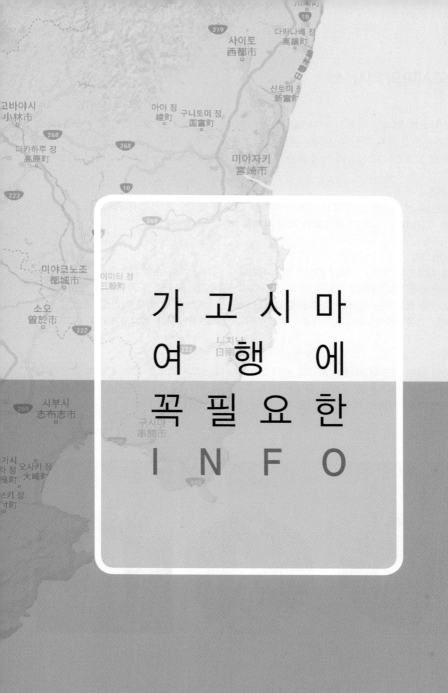

가 고 시 마
여 행 에
꼭 필 요 한
I N F O

가고시마의 역사

가고시마의 역사는 번주인 시마즈(島津家)라는 한 가문에 의해 좌우되었다. 시마즈(島津家) 가문은 메이지 유신이 일어날 때까지 약 700년 29대에 걸쳐 가고시마를 통치했다. '사츠마'로 알려진 가고시마의 옛 이름인 '사츠마현' 지역은 외부와의 접촉이 자주 일어났다.

1549년
스페인의 선교사인 성 프란시스 자비에르는 선교를 목적으로 가고시마에 처음으로 도착하여 가고시마는 일본이 기독교와 서양 세계를 처음으로 접한 곳이다.

16~18세기
점차 시마즈(島津家) 가문의 관심은 무역이외에도 생겨났다. 규슈를 통치하는 세력으로 성장하면서 오키나와까지 점령하여 지나친 억압 정책으로 오키나와 주민들은 지금까지도 본토인을 경계하는 계기가 되었다. 토쿠가와 막부가 서양의 산업화를 따라갈 수 없는 세력이라는 것을 판단한 시마즈(島津家) 가문은 독자적으로 서양화를 시작하게 된다.

19세기
1850년 일본 최초의 서양식 공장을 세우고 1865년에는 독자적으로 몰래 12명의 젊은 인재를 영국으로 보내 서양 기술을 공부시켰다. 그리하여 '하기'의 모리(毛利家)가문과 함께 시마즈(島津家) 가문은 메이지 유신을 일으키는 주도적인 세력이 되었다.

가고시마 여행에서 꼭 알아두어야 할 인물

사이고 다카모리

네모난 얼굴과 엄청나게 큰 몸집으로 멀리서도 쉽게 알아볼 수 있을 정도였다고 전해진다. 1868년 메이지 유신에서 주도적인 역할을 했지만 1877년에 갑자기 마음을 바꾸었다. 아마도 사무라이의 힘과 지위를 박탈한 것이 지나쳤다고 판단했다고 전해진다. 그리하여 불행하게 끝난 세이난(西南)반란을 일으켰다. 구마모토의 성을 중심으로 반란을 일으켰지만 역사의 흐름을 바꿀 수는 없었다. 패배가 불가피해지자 사이고 다카모르는 가고시마로 후퇴하여 할복하여 자결하였다.

메이지 유신의 영웅이자 악당으로 복합적인 이미지를 일본 내에 가지고 있지만 사이고 다카모르는 아직도 일본 역사에서 중요한 위치를 가진 인물로 평가받는다. 사이고 상의 홀리그램을 상영할 정도로 가고시마에서는 위인으로 평가받고 있다.

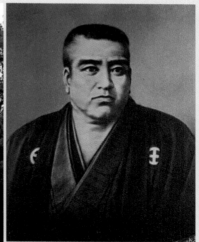

가고시마 여행에서 알면 좋은 지식

유카타(俗衣)

유카타는 집에서 편하게 쉴 때나 축제 때 즐겨 있는 기모노의 일종으로 목욕 후에 입기도 하고 잠옷으로 사용하기도 하는 옷으로 지금은 실내에서 입는 옷으로 변화하였다. 료칸으로 깨끗하게 세탁한 순면의 유카타가 준비되어 있다. 추울 때에 그 위에 탄젠(丹前)이라고 하는 약간 두꺼운 상의를 입어 외출복장으로 사용하기도 한다. 온천지역의 여관에서는 유카타 복장으로 저녁 식사를 하거나 건물 밖을 산책하는 모습을 볼 수 있다. 하지만 기본적으로 외부로 나갈 때는 탄젠을 착용하는 것이 올바른 사용법으로 알고 있으면 된다.

유카타 입는 방법

오른쪽 옷 끝자락을 몸에 감싸고 왼쪽 옷 끝자락이 위로 오게 입고 나서 띠로 허리를 묶어 매듭은 몸의 옆이나 뒤로 오도록 한다.

료칸(族館)

일본의 전통적인 숙박시설로 온천이 같이 있는 전통가옥 형태의 숙소이다. 단순한 숙소가 아니라 일본의 문화와 정서, 서비스를 체험할 수 있는 독립적인 형태의 숙박공간을 말한다. 객실은 전통적인 다다미 형태의 화실과 침대를 갖추고 개인 욕실을 비롯해 대욕탕이나 노천온천, 가족탕 등을 갖추고 있다.

료칸(族館)에 오면 주인(오카미상)이 환영인사로 반겨주고 객실로 이동해 온천 사용에 대해 알려준다. 아침과 저녁을 전통 상차림인 가이세키(今度料理) 요리가 제공되는 것이 특징이다.

가이세키 요리(今度料理)

가이세키 요리는 작은 그릇에 다양한 음식이 순차적으로 담겨 나오는 일본의 연회 코스요리로 한정식이 순차적으로 나오는 요리가 일본화되었다고 생각하면 된다. 가이세키 요리(会席料理)는 17~19세기의 에도시대(江戸時

代)에 웃기려고 하는 소리나 농담, 나 두 사람 이상이 일본 고유의 정형시인 와카(和歌)의 연회장인 '가이세키(会席)'에서 제공되던 요리를 부르던 단어에서 유래되었다. 1692년에 처음 등장해 초기에는 연회에서 술과 함께 먹는 요리였지만 시간이 지남에 따라 호사로운 잔치 요리로 바뀌었다.

술과, 사시미, 생선조림이나 생선구이, 튀김, 밥, 국, 반찬, 후식으로 이루어져 있다. 료칸의 저녁상으로 흔히 나오는데 치쥬산사이(一汁三菜, 국, 사시미, 구이, 조림으로 구성된 상차림)를 기본으로 한다. 오토오시(お通し, 기본 요리에 앞서 나오는 간단한 안주), 튀김, 찜, 무침, 스노모노(酢の物, 식초로 양념한 요리) 등의 슈코우(酒肴, 술 안주)가 더해지고 마무리로는 밥, 국, 쓰케모노(漬物, 채소를 절임한 저장 음식), 과일 등이 제공된다.
가이세키(会席) 요리는 흔히 발음이 같은 가이세키(懐石)와 혼동하기 쉬운데, 가이세키(懐石)는 다도에서 제공되는 가벼운 식사를 의미한다.

메이지 유신 대표적인 3인
사이고 타카모리(西郷隆盛銅像), 오쿠보 도시미치((大久保利通), 기도 다카요시(木戸高孝)를 말한다. 3명으로 대표되는 신흥 세력에 의해 서양의 문물을 받아들인 일본은 동아시아의 강국으로 성장하게 된다. 이와쿠라 토모미는 그 중에서 최강의 흑막. 물론 그 배후에는 또 조슈 번의 요시다 쇼인이 있었고, 그의 제자들이 에도에 막부를 타도하고 개국을 추진하게 되니 가장 큰 공로자는 요시다 쇼인이라고 볼 수도 있다.

서남전쟁(西南戦争)
일본에서 메이지유신이 시작된 이후 사가 번 → 히고(구마모토) 번 → 아키쓰키 번 → 조슈 번 순으로의 사족(귀족) 반란이 들이닥쳤다. 그 이후로 사이고 다카모리가 주장한 정한론이 무산되자 단발령+폐도령에 항거한 사쓰마 번 무사들은 특권 계급의 지위를 유지하기 위해 사이고 다카모리를 중심으로 뭉쳤고, 이들이 일으킨 반란이 바로 서남전쟁이다. 일본의 마지막 내전이라고 알려져 있다.

가고시마 여행 밑그림 그리기

우리는 여행으로 새로운 준비를 하거나 일탈을 꿈꾸기도 한다. 여행이 일반화되긴 했지만 아직도 여행을 두려워하는 사람들은 많다. 어떻게 여행을 해야 할지 정확한 자료가 부족하기 때문이다.

최근에는 가고시마 여행자가 급증하고 있다. 일본의 소도시는 아직까지 알려진 정보가 많은 편은 아니나 걱정할 필요는 없다. 가고시마 여행준비는 절대 어렵지 않다. 단지 귀찮아 하지만 않으면 된다. 모든 여행은 준비를 꼼꼼하게 하는 것이 중요하다.

일단 관심이 있는 내용을 적고 일정을 짜자. 처음 해외여행을 떠나는 사람이라면 어떻게 준비를 할지 몰라 당황하기 마련이다. 먼저 어떻게 여행을 할지부터 결정하고 일정을 생각하는 것이 좋다. 가고시마는 1박 2일, 2박 3일, 3박 4일 여행이 가장 일반적이다.

해외여행이라고 것저것 많은 것을 보려고 하는 데 힘만 들고 남는 게 없는 여행이 될 수도 있으니 욕심을 버리고 준비하는 게 좋다. 여행은 보는 것도 중요하지만 같이 가는 여행의 일원과 같이 잊지 못할 추억을 만드는 것이 더 중요하다.

다음을 보고 전체적인 여행의 밑그림을 그려보자.

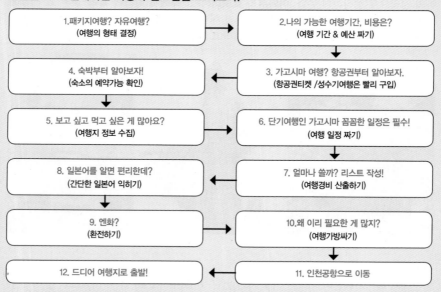

1.패키지여행? 자유여행?
(여행의 형태 결정)

2.나의 가능한 여행기간, 비용은?
(여행 기간 & 예산 짜기)

4. 숙박부터 알아보자!
(숙소의 예약가능 확인)

3. 가고시마 여행? 항공권부터 알아보자.
(항공권티켓 /성수기여행은 빨리 구입)

5. 보고 싶고 먹고 싶은 게 많아요?
(여행지 정보 수집)

6. 단기여행인 가고시마 꼼꼼한 일정은 필수!
(여행 일정 짜기)

8. 일본어를 알면 편리한데?
(간단한 일본어 익히기)

7. 얼마나 쓸까? 리스트 작성!
(여행경비 산출하기)

9. 엔화?
(환전하기)

10.왜 이리 필요한 게 많지?
(여행가방싸기)

12. 드디어 여행지로 출발!

11. 인천공항으로 이동

결정을 했으면 일단 항공권을 구하는 것이 가장 중요하다. 전체 여행경비에서 항공료와 숙박이 차지하는 비중이 가장 크지만 너무 몰라서 낭패를 보는 경우가 많다. 평일이 저렴하고 주말은 비쌀 수밖에 없다. 저가항공인 제주항공과 이스타항공부터 확인하면 항공료, 숙박, 현지경비 등 편리하게 확인이 가능하다.

패키지여행이 좋을까요? 자유여행이 좋을까요?

처음으로 가고시마를 여행한다면 대부분 패키지 여행을 선호한다. "뭐 볼게 있겠어?"라고 말하며 패키지로 쉽게 다녀오려고 한다. 하지만 가고시마의 매력에 빠져들면 자유여행을 선호하게 된다. 해외여행이지만 가고시마 여행은 비용이 저렴하여 자유여행으로 가려고 하는 경우가 많다.

최근, 가파르게 늘어나는 여행자들로 인해 여행의 형태도 조금씩 달라지고 있어 처음부터 당일치기나 1박 2일로 자유여행을 즐기는 관광객의 수도 늘어나고 있다.

편안하게 다녀오고 싶다면 패키지여행

숙소에 가이드까지 같이 가는 패키지여행은 여행의 준비가 필요없이 편안하게 다녀오면 되기 때문에 효도관광이나 동호회에서 패키지를 주로 선호한다. 가이드는 일정과 숙소까지 다 안내해 준다.

연인끼리, 친구끼리 가족여행은 자유여행

당일치기로 데이트여행을 오는 연인의 여행에 패키지여행은 어울리지 않는다. 여행지에서 원하는 것이 바뀌고 여유롭게 이동하며 보고 싶은 것을 마음대로 보고 맛집을 찾아가는 연인의 여행은 단연 자유여행이 제격이다. 친구끼리 맛집투어, 가족끼리 해수욕장과 온천을 천천히 즐기려면 자유여행을 다녀오는 것이 더 만족감이 크다.

가고시마 현지 여행 물가

가고시마 여행에서 큰 비중을 차지하는 것은 항공료와 숙박비다. 대한항공만 취항했을 때는 항공료가 비싸 관광객이 적었지만 2017년 11월부터 이스타항공, 2018년 1월에 제주항공이 취항하면서 10만원 대 정도면 다녀올 수 있게 되면서 관광객이 급증하고 있다. 하루 숙박시 1인당 4500~7000엔 (4만5천~13만 원)이다.

한 방에 4명이 잔다고 해도 철저히 인원수대로 숙박료를 내야 한다. 일정에 따라 숙박비와 중식 그리고 기타 비용만 더하면 된다. 경비를 아끼려면 식사는 저렴한 도시락으로 해결하는 것이 좋다. 가고시마 여행의 여행경비가 얼마인지 기본경비를 산출해 보자.

구분	세부품목	1박 2일	2박 3일	3박 4일
왕복항공료	저가항공, 유류할증료	99,000~280,000		
숙박비	호텔, YHA, 민박	45,000~150,000원	150,000~300,000원	200,000~500,000원
식사비	한 끼	15,000~40,000원	30,000~60,000원	50,000~100,000원
교통비	버스, 노면전차, 열차, 렌트	30,000~82,000원		
입장료	입욕료, 각종 입장료	10,000원~	20,000원~	30,000원~
		199,000원~	299,000원~	380,000원~

대표적인 가고시마 축제

하쓰우마사이(鹿兒島神宮初牛祭 / 2~3월 / 매년 날짜가 바뀜)

가고시마 신궁에 전해 내려오는 460년 역사를 자랑하는 전통 축제로 머리부터 발끝까지 화려한 장신구로 치장한 말 스즈카케우마의 춤사위가 압권이다. 원래 가축의 안전과 다산, 풍작을 기원하며 병이나 재앙을 물리치는 의미가 담겨 있는 농민들의 작은 행사였는데, 지금은 수십 마리의 말과 약 2천 명의 시민들이 함께 하는 대규모 축제로 변화하였다.

히노시마마쓰리(火の島祭)

사쿠라지마의 여름 풍물 축제로 7월에 열린다. 1988년 국제 화산회의를 기념으로 만든 행사로 거대한 북 연주를 비롯하여 다양한 이벤트를 개최한다. 축제의 백미는 웅장한 사쿠라지마를 배경으로 펼쳐지는 불꽃놀이이다.

가고시마 긴코만 썸머나이트 불꽃축제

2000년부터 시작된 규슈 최대 규모의 불꽃놀이 축제로 세계적으로 유명한 활화산인 사쿠라지마와 아름다운 긴코만(錦江灣)을 배경으로 밤하늘에 펼쳐지는 환상적인 빛으로 수놓는 불꽃은 평

생 잊을 수 없는 경험을 맛보게 된다. 대회는 19시부터 시작해 다양하고 독특한 불꽃을 만발 이상 쏜다고 한다.

오하라마쓰리(おはら祝祭 / 11월 2~3일)

가고시마의 가을을 수놓는 춤의 제전인 오하라마쓰리는 1949년 일본의 행정구역 시행 60주년을 기념해 시작한 축제로 가고시마뿐만 아니라 남규슈를 대표하는 가을 축제로 자리매김했다. 오하라마쓰리 축제는 매년 가고시마에서 손꼽히는 번화가인 덴몬칸에서 열리며, 참가자 수는 약 2만 명에 달한다.

가고시마를 대표하는 민요인 '오하라부시'에 맞추어 일본의 전통 의상인 유카타, 축제 의상인 핫피를 입은 사람들이 군무를 펼치며 행진한다. 가고시마시의 중요한 교통수단인 노면전차를 형형색색의 전등으로 장식한 꽃전차인 하나덴샤와 춤추는 인파가 함께 초가을의 덴몬칸을 수놓는다. 많은 무용수가 가고시마를 대표하는 민요에 장단을 맞추며 춤을 추고 행진하는 장면이 인상적이다.

가고시마 여행 계획 짜기

1. 주말 or 주중

가고시마여행도 일반적인 여행처럼 비수기와 성수기가 있고 요금도 차이가 난다. 주말과 주중 요금도 차이가 있다. 보통 주중은 일·월·화·수·목을, 주말은 금·토·일을 뜻한다. 비수기나 주중에는 할인혜택이 있어 저렴한 비용으로 조용하고 쾌적한 여행을 할 수 있다.

주말과 국경일을 비롯해 여름 성수기에는 항상 사람들로 붐빈다. 황금연휴나 여름 휴가철 성수기에는 몇 달 전부터 항공권이 매진되는 경우가 많다.

성수기에는 많은 관광객으로 인해 입국수속 시간도 오래 걸려 불편하다. 여행 물가도 할증이 붙어 비싸다. 많은 대한민국 사람들이 주말과 국경일을 비롯해 성수기에 가고시마 여행을 즐기러 가기에 가고시마 여행이 저렴하다는 이야기는 잘못된 이야기가 되고 만다. 당연히 시간을 내기에는 주중이 편하지만, 휴가를 내지 않는 한 직장인에겐 어쩔 수 없다.

2. 여행기간

가고시마 여행을 안 했다면 "가고시마는 작은 도시인데 1박 2일이면 충분하지?"라는 말을 한다. 아니면 "2박 3일면 다 둘러보지?"라는 말로 가고시마 여행을 쉽게 생각한다. 그런데 일반적인 여행인 아닌 가고시마를 깊숙이 보고 싶다면? 온천을 하며 오랜 시간을 가고시마에서 보내고 싶다면? 물론 이렇게까지 생각을 하지 않을 수도 있다.

현재 가고시마에서 많이 하는 것은 바로 자전거 여행이다. 가고시마 자전거 여행은 대부분 2박 3일 일정이지만, 가고시마의 깊숙한 곳까지 둘러보고 싶다면 5~6일은 필요하다. 아쉽지만 2박 3일로는 일부 지역만 돌아볼 수 있다.

3. 숙박

가고시마의 여행을 계획한다고 할 때 다른 여행과 가장 다른 점은 숙박을 먼저 예약해야 한다는 점이다. 숙박시설은 적은 편이어서 성수기나 주말에 거의 모든 숙소는 예약이 완료된다. 가고시마 여행을 하려면 여행기간만 정하고 숙박을 먼저 예약해야 한다.

일정과 코스에 따라 숙소를 어디에 정할지 고민되지만, 사전에 숙박을 예약하지 않고 가고시마로 출발한다면 큰 낭패를 볼 수도 있다. 보통 호텔과 시설이 좋은 아파트는 15,500엔(15만 5천 원) 이상이다. 호텔이나 민박은 숙박비에 조식이 포함되는 경우가 많지만 아파트는 조식이 포함되지 않는 경우가 있으니 참고하자.

4. 어떻게 여행 계획을 짤까?

지도와 요일별로 입항과 출항 일정표를 보고 여행일정을 계획해야 한다. 여행의 기간이 확정되면 숙박할 곳과 연계하여 하루 동안의 여행코스를 생각하고 계획을 세우면 된다. 구글맵 참조(www.google.co.kr/maps)

5. 식사

제대로 식사를 하려면 한 끼에 1,500~2,000엔(1만 5천~2만 원)정도의 비용이 들어간다. 저렴한 식사를 하는 방법은 대형마트나 편의점에서 도시락을 사서 먹는 방법 외에는 없다. 도시락은 보통 500~700엔(5~7천원) 사이로 푸짐하게 식사를 할 수 있다.

가고시마 추천 일정

가고시마 여행은 당일치기, 1박 2일 여행, 2박 3일이나 3박 4일 여행, 온천, 트레킹 여행 등의 형태로 나뉜다. 당일치기나 1박 2일 여행객은 시내를 중심으로 여행하고 2박 3일, 3박 4일은 가고시마 전체를 둘러보는 여행으로 자동차를 이용해 가고시마의 구석구석을 보려고 한다.

1박 2일 트레킹 여행은 여러 번 가고시마를 여행할 계획으로 나누어서 한다. 한 곳에 숙박을 정하고 트레킹을 하는데 등산 전문가들이 많이 선호한다. 여행의 성격을 파악하여 여행일정을 계획하고 숙소도 민박부터 호텔까지 가격이 천차만별이므로 조건에 맞는 숙소를 찾는 것이 중요하다.

1박 2일 여행

1박 2일 여행은 여행코스가 중요하다. 1일차에 이부스키의 온천을 이용하고 돌아와 숙박을 하고 밤에 주오역 근처의 야타이촌의 선술집에서 간단하게 밤문화를 즐긴다. 2일차에 시내를 돌아다녀도 시내가 작아서 다 볼 수 있다. 처음에 중앙역에서 시작해 덴몬칸 거리 위주로 여행코스를 정한다.

2박 3일 여행

이부스키와 야쿠시마를 동시에 보고 오려면 4일은 있어야 가능하다. 보통 야쿠시마는 가지 않고 이부스키의 온천을 가기 때문에 일정은 가고시마 2일, 하루는 이부스키의 온천을 간다. 야쿠시마는 규슈 남단의 섬으로 가고시마와 거리가 떨어져 있어 페리를 타고 이동해야 하기 때문이다.

택시투어

자신만의 프라이빗한 투어를 원한다면 택시투어도 있다. 하루에 4만~5만원 정도면 가능하다.

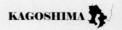
KAGOSHIMA

1박 2일

온천 + 시내의 여행코스(제주항공, 대한항공 이용)
1일차에 이부스키의 온천을 이용하고 돌아와 밤엔 중앙역 근처의 야타이무라의 선술집에
서 간단하게 밤 문화를 즐긴다. 2일차에 시내를 돌아다녀도 시내가 작아서 다 볼 수 있다.
처음에 중앙역에서 시작해 덴몬칸 거리 위주로 여행 코스를 정한다.

▶1일차
공항 → 가고시마 시내의 중앙역 → 이부스키역 도착(JR 쾌속 나노하나이용) → 모래 온천
(버스이용) → 이부스키역(버스이용) → 역 근처 맛집 탐방 → 가고시마 시내(JR 쾌속 나노
하나이용) 로 돌아오기

중앙역   이부스키역 (JR쾌속 나노하나이용)   모래온천 (버스이용)

가고시마 시내 (JR쾌속 나노하나이용)   역 근처 맛집 탐방   이부스키역 (버스이용)

▶2일차
1박 2일을 다녀온다면 숙박은 중앙역에서 해야 2일차에 호텔에 짐을 맡기고 돌아다닐 수
있다. 중앙역부터 덴몬칸까지 주요 관광지를 보고 시내를 한 눈에 다 볼 수 있는 시내 전망
대 시로야마에 들린 후, 시간이 된다면 오후에는 페리를 이용해 사쿠라지마의 화산을 둘러
보고 돌아올 수 있다.

중앙역 → 덴몬칸(걸어가면서 가고시마와 관련한 인물 확인하기) → 자비엘 체류 기념비
→ 중앙공원 → 현립박물관 → 데루쿠니신사 → 사이고다카모리 동상 → 시립미술관 → 쓰
루마루 성터 → 레메칸 → 덴쇼인 상 → 시로야마 → 사쿠라지마(사쿠라지마 페리이용) →
중앙역(버스이용) → 공항

중앙역   덴몬칸   자비엘 체류 기념비   중앙공원

47

현립박물관 ▸ 데루쿠니 신사 ▸ 사이고다카모리 동상 ▸ 시립미술관

시로야마 전망대 ◂ 덴쇼인 상 ◂ 레메칸 ◂ 쓰루마루 성터

사쿠라지마 (페리이용) ◂ 중앙역 (버스이용) ◂ 공항

시내 위주의 여행코스(이스타항공 이용)

이스타항공으로 1박 2일 여행을 한다면 17시 이후에 시내에 도착하기 때문에 첫날은 시내 위주로 여행을 해야 한다. 1일차에 시내 위주로 여유롭게 둘러보고 온천이 있는 호텔이나 료칸에서 숙박하면 좋다. 쇼핑을 하려면 드럭스토어나 백화점 등이 몰려 있는 덴몬칸 근처에 숙박 하는 것이 편리하다. 저녁에는 덴몬칸이나 중앙역 근처의 야타이무라에서 밤 문화를 즐길 수도 있다.

▶1일차

중앙역 → 덴몬칸까지 걸어가면서 가고시마와 관련한 인물 확인하기 → 자비엘 체류 기념비 → 중앙공원 → 현립박물관 → 데루쿠니 신사 → 사이고다카모리 동상 → 시립미술관 → 쓰루마루 성터 → 레메칸 → 덴쇼인 상 → 시로야마 전망대(야경)

중앙역 ▸ 덴몬칸 (걸어서 이동 : 가고시마 관련 인물 확인) ▸ 자비엘 체류 기념비

사이고다카모리 동상 ◂ 데루쿠니 신사 ◂ 현립박물관 ◂ 중앙공원

시립미술관 ▶ 쓰루마루 성터 ▶ 레메칸 ▶ 덴쇼인 상

시로야마 전망대

▶2일차

2일차에는 이소 간마치 지역으로 이동해 센간엔과 구 가고시마 방적소 기사관을 돌아본
다. 다시 중앙역으로 돌아와 나폴리 거리를 걸으며 역사의 길을 둘러보고 공항으로 이동
한다.

센간엔 → 상고집성관 → 구 가고시마방적소 → 버스로 워터프런트로 이동 → 사쿠라지마
페리로 사쿠라지마 다녀오기 → 버스로 중앙역이동 → 공항

센간엔 ▶ 상고집성관 ▶ 구. 가고시마 방적소 ▶ 워터프런트 (버스이용)

공항 ◀ 중앙역 ◀ 사쿠라지마 (페리이용)

49

2박 3일

시내 + 이부스키 온천(야쿠시마) + 시내 여행코스

▶1일차

1일차는 시내위주로 둘러보는데, 되도록이면 시내 외곽의 이소 간마치 지역으로 이동해 센간엔과 구 가고시마 방적소 기사관을 돌아보자. 다시 중앙역으로 돌아와 나폴리 거리를 걸으며 역사의 길을 둘러보고 저녁에는 덴몬칸이나 중앙역 근처의 야타이무라에서 밤 문화를 즐긴다.

공항 → 가고시마 시내의 중앙역 → 센간엔 → 상고집정관 → 구 가고시마방적소 → 버스로 워터프런트로 이동 → 페리로 사쿠라지마 다녀오기 → 버스로 중앙역 이동

| 공항 | 중앙역 | 센간엔 | 상고집성관 |

| 중앙역 | 사쿠라지마 (페리이용) | 워터프런트 (버스이용) |

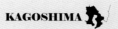

▶2일차

2일차에 이부스키의 온천을 이용하고 돌아와 쇼핑을 하려면 덴몬칸 근처로 숙박을 하는 것이 편리하다. 왜냐하면 덴몬칸에 면세점이나 마트가 몰려 있기 때문이다.

중앙역 → 이부스키역 도착(JR 쾌속 나노하나이용) → 모래 온천 (버스이용) → 이부스키역 → 역 근처 맛집 탐방 → 가고시마 시내(JR 쾌속 나노하나이용)

중앙역　　이부스키역 (JR쾌속 나노하나이용)　　모래온천 (버스이용)

가고시마 시내 (JR쾌속 나노하나이용)　　이부스키역 근처 맛집 탐방

▶3일차

시내의 주요 관광지를 둘러봐야 하기 때문에 아침 일찍 나서는 것이 좋다. 여행코스는 시내의 관광지를 보고 시내의 모습을 한눈에 볼 수 있는 시로야마 전망대에 오른 후, 중앙역으로 돌아와 공항으로 출발한다.

중앙역 → 덴몬칸까지 걸어가면서 가고시마와 관련한 인물 확인하기 → 자비엘 체류 기념비 → 중앙공원 → 현립박물관 → 데루쿠니신사 → 사이고다카모리 동상 → 시립미술관 → 쓰루마루 성터 → 레메칸 → 덴쇼인 상 → 시로야마 전망대 → 공항

중앙역　　덴몬칸 (걸어서 이동 : 가고시마 관련 인물 확인)　　자비엘 체류 기념비

사이고다카모리 동상　　데루쿠니 신사　　현립박물관　　중앙공원

시립미술관 → 쓰루마루 성터 → 레메칸 → 덴쇼인 상

공항 ← 시로야마 전망대

메이지유신 역사를 둘러보는 여행코스

▶1일차

1일차에 시내 외곽의 이소 간마치 지역으로 이동해 센간엔과 구 가고시마 방적소 기사관을 돌아보고 중앙역으로 돌아온다.

공항 → 가고시마 시내의 중앙역 → 센간엔 → 상고집정관 → 구 가고시마방적소 → 버스로 워터프런트로 이동 → 페리로 사쿠라지마 다녀오기 → 버스로 중앙역 이동

공항 → 중앙역 → 센간엔 → 상고집성관

중앙역 ← 사쿠라지마 (페리이용) ← 워터프런트 (버스이용)

▶2일차(역사 문화의 길 위주 코스)

시내의 주요 관광지를 둘러봐야 하기 때문에 아침 일찍 나서는 것이 좋다. 여행코스는 시내의 관광지를 보고 시내의 모습을 한눈에 볼 수 있는 시로야마 전망대에 오른 후, 중앙역으로 돌아온다. 저녁에는 덴몬칸이나 중앙역 근처의 야타이무라에서 밤 문화를 즐긴다.

가고시마 시내의 중앙역 → 덴몬칸까지 걸어가면서 가고시마와 관련한 인물 확인하기 → 자비엘 체류 기념비 → 중앙공원 → 현립박물관 → 데루쿠니신사 → 사이고다카모리 동상 → 시립미술관 → 쓰루마루 성터 → 레메칸 → 덴쇼인 상 → 시로야마 전망대 → 중앙역

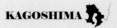

중앙역

덴몬칸 (걸어서 이동 : 가고시마 관련 인물 확인)

자비엘 체류 기념비

사이고다카모리 동상

데루쿠니 신사

현립박물관

중앙공원

시립미술관

쓰루마루 성터

레메칸

덴쇼인 상

중앙역

시로야마 전망대

▶3일차

페리를 타고 사쿠라지마로 이동한 후, 사쿠라지마를 둘러보고 중앙역으로 돌아온다. 나폴리 거리를 걸으며 강변을 따라 역사의 길을 보고, 시간에 맞춰 공항버스에 타는 것이 좋다.

사쿠라지마 이동 → 역사의 길(무가저택, 이로하우타의 광장, 이신후루사토관) → 공항버스 → 공항

사쿠라지마 (페리이용)

역사의 길(무가저택, 이로하우타의 광장, 이신후루사토관)

공항 (버스 이용)

3박 4일

여유로운 여행코스
이부스키와 야쿠시마를 동시에 보고 오려면 4일은 있어야 가능하다. 이부스키도 가고시마에서 45분 이상은 소요되고 야쿠시마는 규슈 남단의 섬으로 가고시마에서 페리를 타고 이동해야 하기 때문이다. 두 관광지 다 하루씩 2일이 소요된다. 이부스키에서 가고시마 시내로 돌아오지 않고, 야쿠시마로 이동하는 것이 효율적이며 자동차를 렌트해서 이용하는 것이 편리하다. 5~10월이라면 야쿠시마에서 트레킹을 추천한다. 다른 여행 일정은 2박 3일 코스와 동일하다.

▶1일차
1일차는 시내위주로 둘러보는데, 되도록이면 시내 외곽의 이소 간마치 지역으로 이동해 센간엔과 구 가고시마 방적소 기사관을 돌아보자. 워터프론트 지역에서 페리를 타고 이동해 사쿠라지마를 돌아본 후, 다시 중앙역으로 돌아와 나폴리 거리를 걸으며 역사의 길을 보고, 저녁에는 덴몬칸이나 중앙역 근처의 야타이무라에서 밤 문화를 즐긴다.

공항 → 가고시마 시내의 중앙역 → 센간엔 → 상고집정관 → 구 가고시마방적소 → 버스로 워터프런트로 이동 → 페리로 사쿠라지마 다녀오기 → 버스로 중앙역 이동

공항　　　　　　중앙역　　　　　　센간엔　　　　　상고집성관

중앙역　　　사쿠라지마 (페리이용)　　워터프런트 (버스이용)

2일차
2일차에 이부스키의 온천을 이용하고 가이몬다케까지 본다면 이부스키의 관광지를 대부분 둘러본 것이다. 당일에 가고시마 시내로 돌아와 다음날 가고시마항에서 페리를 타고 야쿠시마로 이동 할 수도 있다.

중앙역 → 이부스키역(JR 쾌속 나노하나이용) → 모래 온천(버스이용) → 가이몬다케(버스이용) → 이부스키역 → 역 근처 맛집 탐방 → 가고시마 시내(JR 쾌속 나노하나이용)

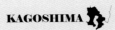

중앙역 　　　이부스키역 (JR쾌속 나노하나이용)　　　모래온천 (버스이용)

가고시마 시내
(JR쾌속 나노하나이용)　　　이부스키역 근처 맛집 탐방　　　가이몬다케 (버스이용)

▶3일차

야쿠시마는 가고시마항에서 페리를 타고 이동하는 방법과 이부스키에서 이동하는 방법이
있다. 렌트를 하여 자동차로 이동하면 이부스키에서 이동하는 것이 편리하며 대중교통을
이용하면 가고시마에서 페리를 타고 이동하면 된다.

중앙역 → 가고시마항 → 페리로 야쿠시마 이동 → 야쿠시마 트레킹 → 다시 페리타고 가고시마 시내로 돌아오기

중앙역　　　　가고시마항　　　야쿠시마 (야쿠시마트레킹)　　　가고시마 시내
(JR쾌속 나노하나이용)

▶4일차

시내의 주요 관광지를 둘러봐야 하기 때문에 아침 일찍 나서는 것이 좋다. 여행코스는 시
내의 관광지를 보고 시내의 모습을 한눈에 볼 수 있는 시로야마 전망대에 오른 후, 중앙역
으로 돌아와 공항으로 출발한다.

**가고시마 시내의 중앙역 → 덴몬칸까지 걸어가면서 가고시마와 관련한 인물 확인하기 →
자비엘 체류 기념비 → 중앙공원 → 현립박물관 → 데루쿠니신사 → 사이고다카모리 동상
→ 시립미술관 → 쓰루마루 성터 → 레메칸 → 덴쇼인 상 → 시로야마 전망대 → 공항**

중앙역　　　덴몬칸 (걸어서 이동 : 가고시마 관련 인물 확인)　　　자비엘 체류 기념비

사이고다카모리 동상　　　데루쿠니 신사　　　현립박물관　　　중앙공원

시립미술관　　　쓰루마루 성터　　　레메칸　　　덴쇼인 상

공항　　　시로야먀 전망대

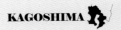

여행 중 물건을 도난당했을 때 대처 요령

처음 해외여행에서 현금이나 카메라 등을 잃어버리면 당황스러워진다. 물건을 잃어버리면 여행을 마치고 집에 가고 싶은 생각이 굴뚝같아진다. 하지만 여행을 마치고 돌아오기는 쉽지 않고 시간이 지나면 기분도 다시 좋아진다. 이런 상황에 대비하기 위해 필요한 것이 바로 여행자 보험이다. 해외에서 물건을 도난 당했을 때, 어떻게 행동해야 할지 안다면 남은 여행을 잘 마무리하고 즐겁게 돌아올 수 있다.

물건을 도둑맞았다면 우선 가장 가까운 경찰서를 찾아야 한다. 경찰서에서 '폴리스리포트'를 작성해야 하는데, 폴리스리포트에는 이름과 여권번호를 적는 란이 있어 여권을 제시해야 하며 물품을 도난당한 시간과 장소, 사고이유, 도난 품목과 가격 등을 상세히 적어야 한다. 상당히 시간이 소요되므로 인내심을 가지고 임해야 한다.

폴리스 리포트를 쓸 때 가장 주의해야하는 사항은 도난인지 단순 분실인지의 여부이다. 대부분은 도난이기 때문에 '스톨른stolen'이라는 단어를 경찰관에게 알려줘야 한다. 단순분실은 본인의 과실이라서 여행자보험을 가입해도 보상받지 못한다.
여행을 끝내고 돌아와서는 보험회사에 전화를 걸어 도난 상황을 이야기하고 폴리스리포트와 해당 보험사 보험료 청구서, 휴대품신청서, 통장사본과 여권을 보낸다. 도난당한 물품의 구매 영수증이 있다면 조금 더 보상받는 데 도움이 되지만 없어도 상관은 없다. 보상금액은 여행자보험에 가입할 당시의 최고금액이 결정되어 있어 그 금액이상은 보상이 어렵다. 보통 최고 50만 원까지 보상받는 보험에 가입하는 것이 일반적이다. 보험회사 심사과에서 보상이 결정되면 보험사에서 전화로 알려준다. 여행자보험의 최대 보상한도는 보험의 가입금액에 따라 다르지만 휴대품 도난은 한 개 품목당 최대 20만원까지 전체금액은 80만원까지 배상이 가능하다. 여러 보험사에서 여행자보험을 가입해도 보상은 같다. 그러니 중복 가입하지 말자.

여행자보험을 잘 활용하면 도난당한 휴대품에 대해 일부라도 배상받을 수 있어 유용하지만 최근 이를 악용하는 여행자들이 많아지고 있다고 하니 절대 악용하지 말자. 보험사는 청구 서류에 대한 꼼꼼히 조사한다고 한다. 허위 신고하여 발각되면 법적인 책임을 질 수 있으니 명심하고 자신을 다시 돌아보는 해외여행까지 가서 자신을 버리는 허위신고는 하지 말자.

여권 분실 시 해결방법
여행은 즐거움의 연속이기도 하지만 여권을 잃어버려 당황하는 경우도 많이 있다. 가방 도난이나 여권 분실 같은 어려움에 봉착하면 여행의 즐거움이 다 없어지는 것처럼 집에 가고 싶은 생각만 나기도 한다. 그래서 미리 조심해야 하지만 방심한 그때 바로 지갑, 가방,

카메라 등이 없어지기도 하고 최악의 경우에는 여권이 없어지는 경우도 생긴다.

여행기간 중 봉착하는 어려움에도 당황하지 않고 잘 대처 한다면, 여행이 중단되는 일 없이 무사히 한국으로 돌아와 나중에 여행에서 있었던 일을 무용담처럼 이야기 할 수도 있을 것이다. 그러니 너무 심각하게 생각하지 말고 만일에 대비해 미리 대처 방법을 알아보자.

여권은 외국에서 자신의 신분을 증명 할 수 있는 신분증이다. 잃어버렸다고 당황하지 말고, 해결방법을 찾아 다시 재발급 받으면 된다. 일단 여행 준비물 중에 분실을 대비해서 여권 복사본과 여권 사진 2장을 준비해 놓자. 미리 스마트폰이나 카메라로 여권을 찍어 놓았다면 여권번호나 발행날짜 등을 메모할 필요가 없어 편하다. 여권 분실 시 경찰서에서 폴리스 리포트를 발급받은 후 대사관에서 여권을 재발급 받을 수 있다.

여권 발급 원칙

대사관에 가서 여권사진과 폴리스 리포트를 제시하고 여권 사본을 보여주면 여권을 새로 만들어주는데, 보통 1~2일 정도 걸린다. 다음날 귀국해야 한다면 계속 부탁해서 여권을 받아야만 한다. 절실함을 보이며 화내지 않고 차분히 이야기하면 해결해 주려고 할 것이다. 보통 여권을 분실하면 화부터 내고 어떻게 하냐며 푸념을 하는데 그런다고 해결이 되지 않는다.

사전에 여권을 신청할 때 신청서와 제출서류를 확인해 둔다면 여러모로 도움이 된다. 여권을 재발급 받는 사람들은 다들 절박한 사람들이다. 여권이 재발급되는 기간은 요즈음 많이 빨라지고 있어 하루 정도 소요가 되며 주말이 끼어 있는 경우에는 더 많은 시간이 소요된다.

여권재발급 순서

1. 영사콜센터 전화하기
2. 경찰서가서 폴리스 리포트 쓰기
3. 기다리며 여권 신청 제출확인하고 신청하기

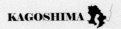

여행 준비물

1. 여권
여권은 반드시 필요한 준비물이다. 의외로 여권을 놓치고 당황하는 여행자도 있으니 주의하자. 유효기간이 6개월 미만이면 미리 갱신하여야 문제가 발생하지 않는다.

2. 환전
지폐 1,000¥ 위주의 현금으로 준비하는 것이 가장 효율적이다. 예전에는 은행에 잘 아는 누군가에게 부탁해 환전을 하면 환전수수료가 저렴하다고 했지만 요즘은 인터넷 상에 '환전우대권'이 많으므로 이것을 이용해 환전수수료를 줄여 환전하면 된다.

3. 여행자보험
물건을 도난당하거나 잃어버리든지 몸이 아플 때 보상 받을 수 있는 방법은 여행자보험에 가입해 활용하는 것이다. 아플 때는 병원에서 치료를 받고 나서 의사의 진단서와 약을 구입한 영수증을 챙겨서 돌아와 보상을 받을 수 있다. 도난이나 타인의 물품을 파손 시킨 경우에는 경찰서에 가서 신고를 하고 '폴리스리포트'를 받아와 귀국 후에 보험회사에 절차를 밟아 청구하면 된다. 보험은 인터넷으로 가입하면 1만원 내외의 비용으로 가입이 가능하며 자세한 보상 절차는 보험사의 약관에 나와 있다.

4. 여행 짐 싸기
짧은 일정으로 다녀오는 가고시마 여행은 간편하게 싸야 여행에서 고생을 하지 않는다. 돌아올 때는 면세점에서 구입한 물건이 생겨 짐이 늘어나므로 가방의 60~70%만 채워가는 것이 좋다. 필수 여행준비물만 챙겨가야 편하다.
주요물품은 가이드북, 카메라(충전기), 세면도구(숙소에 비치되어 있지만 일부 숙박시설에는 없는 경우도 있음), 수건(온천을 이용할 때는 큰 비치용이 좋음), 속옷, 상하의 1벌, 멀티탭(110V이므로 반드시 필요), 우산, 신발(운동화가 좋음)

5. 준비물 체크리스트

분야	품목	개수	체크(V)	분야	품목	개수	체크(V)
여행용품	가이드북			생활용품	치약, 칫솔(2개)		
	지도				세면도구		
	카메라				우산, 우비		
	멀티어뎁터(110V)				운동화/트레킹화 (방수/야쿠시마 트레킹을 가는 경우)		
	여권 사진(2매)				슬리퍼		
	숟가락, 젓가락			약품	상비약(감기약, 소화제, 진통제 등)		
생활용품	수건(온천이나 족욕 이용시 필요)				대일밴드, 연고		
	여벌 옷, 속옷						
	썬크림						

川南町
10

219

사이토
西都市

다카나베 정
高鍋町

신토미 정
新富町

221

고바야시
小林市

아야 정
綾町

구니토미 정
国富町

KAGOSHIMA

미야
都
三股町

소오
曽於市

222

222

니치난
日南市

504

269

시부시
志布志市

구시마
串間市

야
市

220

히가시
쿠시라 정
東串良町

오사키 정
大崎町

448

기모쓰키 정
肝付町

가까운 일본여행을 즐기는 사람들이 점점 더 많아지고 있다. 비행시간도 제주도와 비교해도 많이 차이가 나지 않는 1시간이고 대한민국과 다른 문화와 자연환경, 역사 등 볼거리, 먹을거리가 풍부한 일본여행은 시간적 여유가 적은 사람도 부담감을 가지지 않고 떠날 수 있는 여행지로 매력적인 나라다.

금, 일), 2018년 1월에 제주항공(화, 목, 토)이 취항하면서 가고시마로 저렴하게 여행이 가능해졌다.

가고시마 IN

가고시마 공항으로 대한항공(수, 금)만 취항하였지만 2017년 11월 이스타 항공(수,

규슈에서 가고시마 IN

신칸센
후쿠오카 하네다에서 가고시마 공항까지 1시간 45분 소요(1일 19편)

고속버스
규슈 각지에서 JR과 고속버스가 운행되고 있으며 둘 다 소요 시간은 별 차이가 없는 경우가 많으므로 예산 등에 맞춰서 이동 수단을 선택하면 된다.

	인천 → 가고시마	가고시마 → 인천
대한항공	08:45 → 10:20	11:30 → 13:15
이스타항공	14:45 → 16:35	17:30 → 19:40
제주항공	06:55 → 08:35	09:25 → 11:05 15:00 → 16:40(토)

입국심사

항공기에서 내려 향한 입국 심사장에서야 비로소 외국이라는 생각이 든다. 가고시마는 관광객이 늘어나고 있지만 아직 후쿠오카에 비하면 적은 숫자이다. 그래서 입국심사는 오래 시간이 소요되지 않는다.

입국심사 절차

1. 입국 심사관에게 여권, 입국카드 등을 제출한다.

2. 입국 심사관의 안내를 받은 다음, 양손 집게손가락을 지문 인식기기 위에 올리고 얼굴은 지문 인식기기 윗부분의 카메라를 본다. 앞 사람이 어떻게 하는지 잘 보고 미리 준비한다면 빠르게 통과할 수 있다. 여권 커버를 끼워놓은 경우 커버를 미리 빼놓는 것이 좋다.

3. 입국심사관과 인터뷰를 한다. 대부분은 인터뷰 없이 지나간다.

4. 입국심사관이 여권을 주면 심사가 끝이 난다.

外国人入国記録 DISEMBARKATION CARD FOR FOREIGNER 외국인 입국기록
英語又は日本語で記載して下さい。 Enter information in either English or Japanese. 영어 또는 일본어로 기재해 주십시오.

[ARRIVAL]

氏 名 Name 이름	Family Name 영문 성 성			Given Names 영문 이름 이름	
生年月日 Date of Birth 생년월일	Day 日 일 Month 月 월 Year 年 년 D D M M Y Y Y Y		現 住 所 Home Address 현 주소	国名 Country name 나라명 KOREA	都市名 City name 도시명 SEOUL
渡 航 目 的 Purpose of visit 도항 목적 (해당항목 체크)	☐ 観光 Tourism 관광 ☐ 商用 Business 상용 ☐ 親族訪問 Visiting relatives 친척 방문 ☐ その他 Others 기타 (			航空機便名・船名 Last flight No./Vessel 도착 항공기 편명・선명	항공편 명
				日本滞在予定期間 Intended length of stay in Japan 일본 체재 예정 기간	일본 체류 기간
日本の連絡先 Intended address in Japan 일본의 연락처	일본 체류 주소			TEL 전화번호 	일본 연락처
(해당항목 체크)	1. 日本での退去強制歴・上陸拒否歴の有無 Any history of receiving a deportation order or refusal of entry into Japan 일본에서의 강제퇴거 이력・상륙거부 이력 유무			☐ はい Yes 예 ☐ いいえ No 아니오	
	2. 有罪判決の有無（日本での判決に限らない） Any history of being convicted of a crime (not only in Japan) 유죄판결의 유무 (일본 내외의 모든 관결)			☐ はい Yes 예 ☐ いいえ No 아니오	
	3. 規制薬物・銃砲・刀剣類・火薬類の所持 Possession of controlled substances, guns, bladed weapons, or gunpowder 규제약물・총포・도검류・화약류의 소지			☐ はい Yes 예 ☐ いいえ No 아니오	

以上の記載内容は事実と相違ありません。 I hereby declare that the statement given above is true and accurate. 이상의 기재 내용은 사실과 틀림 없습니다.
署名 Signature 서명 서명

공항에서 시내 IN

가고시마 공항은 국제선과 국내선이 있는데 국제선의 노선이 적어 규모가 작은 편이다. 그래서 국제선을 나와 왼편으로 이동해 국내선으로 가야만 공항버스를 탈 수 있다. 가고시마 시내로 가는 공항버스는 2번 승강장에서 탈 수 있다.
공항버스 티켓은 승강장 맞은편의 매표기에서 구입할 수 있으며 급하게 타야 한다면 버스에 탄 후, 버스기사에게 직접 구입하는 도 가능하다. 공항에서 가고시마 중앙역까지는 약 40분이 소요되며, 요시노를 경유하는 버스와 중앙역까지 직행하는 버스가 있다. 배차 간격은 약 10분이며 중앙역과 덴몬칸 둘 다에서 정차하니 방송을 잘 듣고 내려야 할 곳에서 하차하면 된다.
(참조 : www.koj-ab.co.jp)

산큐패스(SUNQ PASS) 남부규슈
산큐패스$^{SUNQ\ PASS}$는 따뜻한 규슈의 이미지인 'SUN(해)'과 규슈의 첫 글자와 발음이 비슷한 'Q'를 조합한 것이다. 산큐 패스 $^{SUNQ\ PASS}$는 규슈 지역의 거의 모든 고속버스, 시내버스, 선박의 일부까지 무제한으로 이용할 수 있는 패스이지만 규슈의 북부인 규슈+시모노세키, 전 규슈+시모노세키 3일권(10,000￥)/4일권(14,000￥)의 3가지 종류만 있었다.

가고시마여행을 하는 여행자는 산큐 패스$^{SUNQ\ PASS}$를 이용할 일이 없었다.
2018년 3월 20일에 가고시마, 미야자키, 쿠마모토에서 고속버스와 노선버스를 자유롭게 승하차할 수 있는 '산큐 패스 남부규슈 3일권'(8,000엔)이 발매되었다. 패스는 버스 터미널에서 구입할 수 있다.

▶3일권 : 일본 8,000￥
　　　　　해외 6,000￥
　　　　　(연속 3일로 사용가능)
▶이용 기간 : 고객이 지정한 연속 3일간
▶홈페이지 : www.kyushutabi.net

버스티켓 구입방법

공항에서 나와 왼쪽으로 가다보면 2번 승강장이 나오는데 맞은편에 매표기가 있다.

1. 매표기에 돈을 넣으면 버튼에 불이 들어온다.

2. 좌측 상단의 가고시마 시내(鹿児島市内) 칸의 버튼을 누르면 버스티켓이 나온다.
성인 1,250￥/어린이 630￥

3. 버스에 타면 기사에게 주지 말고 티켓입구에 넣으면 된다.

매표에서 산 승차권　　자동발매기 승차원

시내 교통

노면전차(路面電車/市電)

가고시마는 지금은 거의 사라져버린 노면전차를 아직도 운행하는 도시 중 하나이다. 노면전차란 전용선로가 아닌 도로의 일부에 레일을 깔아 운행하는 전차로, 자동차가 늘어나면서 자연히 쇠퇴한 교통수단이다. 가고시마의 노면전차는 시내 중심을 연결하는 대중적인 교통수단으로, 관광지를 편리하게 갈 수 있는 것은 물론 예스러운 분위기도 느낄 수 있다. 천천히 달리는 노면전차에서 가고시마 시내의 풍경을 구경하는 것도 가고시마 여행의 묘미로 관광객에게 호평이다.

▶**요금**_ 1회 성인 170¥ / 어린이 80¥
▶**전화**_ 099-257-2111
▶**홈페이지**_ www.kotsu-city-kagosima.jp

노선버스(路線バス)

가고시마 시내뿐만 아니라 근교까지 갈 수 있는 다양한 노선으로 시민들의 발 역할을 하는 노선버스는 시티뷰 버스와 노면전차가 가지 않는 곳을 연결하는 편리한 시내 교통수단이다. 이용구간에 따라 요금이 올라가는 거리병산제로 운행하고 있다.

▶**요금**_ 버스에 따라 다르나
　　　　140~410¥ 사이
▶**전화**_ 099-257-2111
▶**홈페이지**_ www.kotsu-city-kagosima.jp

가고시마 시내교통도

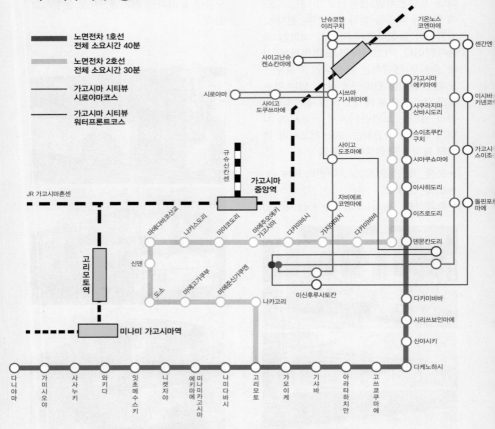

노면전차 1호선
전체 소요시간 40분

노면전차 2호선
전체 소요시간 30분

가고시마 시티뷰
시로야마코스

가고시마 시티뷰
워터프론트코스

JR 가고시마혼센

난슈코엔
이리구치

사이고난슈
켄쇼칸마에

시로야마

사이고
도쿠쓰마에

시쓰마
기시히마에

사이고
도조마에

자비에르
코엔마에

기온노스
코엔마에

센간엔

가고시마
에키마에

이시바
키넨코

사쿠라지마
산바시도리

스이조쿠칸
구치

시야쿠쇼마에

아사히도리

이즈로도리

가고시
스이조

돌핀포
마에

규슈
신칸
센

가고시마
중앙역

마에다바쿠신교

나카스도리

마에코도리

마에슈오에키
가고시마

다카미바시

가지야마치

다카미비바

덴몬칸도리

고리모토역

신덴

도소

마에고가부후

마에온신기쿠엔

나카고리

이신후루사토칸

다카미바바

시리쓰뵤인마에

신야시키

다케노하시

미나미 가고시마역

다니야마
가미시오야
사사누키
와키다
잇초메수스키
니켓자야
에키마에고시마
미나미카고시마
나미다바시
고리모토
가모이케
기샤바
아라타하치만
고쓰쿄쿠마에

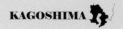

가고시마 3대 족욕탕

가고시마는 모래찜질을 할 수 있는 온천이 유명하여 이를 위해 오는 관광객이 상당히 많다. 어디에서나 온천욕을 즐길 수 있으며, 특히 족욕을 할 수 있는 족욕탕은 가고시마 곳곳에 있다. 여러 곳을 다니며 피로해진 발에 휴식을 주고 온천기분도 느낄 수 있는 족욕을 해보자. 전 연령대에서 큰 인기로 특히 가족여행자에게 추천한다. 발을 담그고 앉아서 담소를 나누다보면 속마음도 털어놓기 좋다.

1. 돌핀포트

가고시마 시내에서 유일하게 족욕을 즐길 수 있는 곳이 가고시마 시민들의 휴식장소로 사용되는 워터프런트 파크이다. 돌핀포트 뒤의 레스토랑 거리에 있다.

2. 사쿠라지마

사쿠라지마행 페리를 타고 내리면 일부 구간을 도보로 걸어가는데, 비지터 센터 근처의 용암 해안공원 족욕탕은 도보 거리도 길지 않고 주변에 편의 시설도 있어 많은 관광객이 찾는다. 길이가 상당히 길어 많은 관광객이 이용할 수 있는 것은 물론, 일몰 시간대의 풍경이 아름답기로 유명하다.

3. 이부스키 역

이부스키에서 온천을 즐기러 갈 때나, 돌아올 때 열차 시간까지 짜투리 시간이 남게 된다.
하염없이 앉아서 열차를 기다리기보다 족욕을 하며 무료함을 달래는 것도 좋은 방법이다.

스도 운행한다. 단시간에 여러 관광지를 둘러보고 싶다면 버스와 노면전차까지 자유롭게 탑승 할 수 있는 1일 승차권을 구입하는 것이 좋다.

시티 뷰 버스(Kagosoma Cityview)

가고시마 시티뷰 버스는 가고시마 시내의 주요 관광지를 순회하는 버스로 각기 다른 디자인의 버스 3대를 운행한다. 배차 간격은 30분으로 원하는 정거장에서 자유롭게 승하차가 가능하다.

가고시마 중앙역 앞에서 운행을 시작하며 첫차는 오전 9시, 막차는 오후 5시 30분까지로 중앙역으로 돌아오는데 약 80분 정도가 소요된다. 토요일과 8, 12, 1월의 금요일에는 오후 7시와 8시에 야경버

▶ **구입장소_** 가고시마 중앙역 관광안내소
(시티뷰 버스 내)
▶ **요금_** 1회 성인 200¥, 어린이 100¥
1일 패스 성인 600¥,
어린이 300¥
▶ **전화_** 099-253-2500
▶ **홈페이지_** www.kotsu-city-kagosima.jp

웰컴큐트패스(Welcome Cute Pass)

가고시마 시내의 버스, 노면전차, 페리(사쿠라지마)를 자유롭게 탑승 할 수 있는 교통패스로 공항버스를 타고 가고시마 시내에 도착하면 주변의 관광안내소에서 구입이 가능하다.
1일권과 2일권이 있으며, 탑승할 때는 사용하는 날짜에 해당하는 숫자를 긁어서 보여주면 된다.

▶ **요금_** 1일권 성인 1,200¥ / 어린이 600¥
2일권 성인 1,800¥ / 어린이 900¥

판매 장소
가고시마 중앙역 종합 관광 안내소(鹿児島中央駅総合観光案内所), 관광교류센터(観光交流センター), 덴마치 살롱(天まちサロン), 가고시마 항 승선권 판매소(鹿児島港乗船券販売所), 사쿠라지마항 승선권 판매소(桜島港乗船券販売所), 사쿠라지마 관광안내소(桜島観光案内所), 교통국 내 승차권 판매소(交通局内乗車券販売所), 시청 앞 승차권 판매소(市役所前乗車券販売所)

시티 뷰 버스(낮 코스) 시간표

버스정류장		운행시각																			
		(1)	(2)	(3)	(4)	(5)	(6)	(7)	(8)	(9)	(10)	(11)	(12)	(13)	(14)	(15)	(16)	(17)	(18)	(19)
1	가고시마 중앙역	8:30	9:00	9:30	10:00	10:30	11:00	11:30	12:00	12:30	13:00	13:30	14:00	14:30	15:00	15:30	16:00	16:30	17:00	17:30
2	이신 후루사토칸 앞	8:32	9:02	9:32	10:02	10:32	11:02	11:32	12:02	12:32	13:02	13:32	14:02	14:32	15:02	15:32	16:02	16:32	17:02	17:32
3	세고돈 대하드라마관 앞	8:36	9:06	9:36	10:06	10:36	11:06	11:36	12:06	12:36	13:06	13:36	14:06	14:36	15:06	15:36	16:06	16:36	17:06	17:36
4	덴몬칸	8:39	9:09	9:39	10:09	10:39	11:09	11:39	12:09	12:39	13:09	13:39	14:09	14:39	15:09	15:39	16:09	16:39	17:09	17:39
5	사이고 동상 앞	8:44	9:14	9:44	10:14	10:44	11:14	11:44	12:14	12:44	13:14	13:44	14:14	14:44	15:14	15:44	16:14	16:44	17:14	17:44
6	사쓰마 의사비 앞	8:46	9:16	9:46	10:16	10:46	11:16	11:46	12:16	12:46	13:16	13:46	14:16	14:46	15:16	15:46	16:16	16:46	17:16	17:46
7	사이고 동굴 앞	8:48	9:18	9:48	10:18	10:48	11:18	11:48	12:18	12:48	13:18	13:48	14:18	14:48	15:18	15:48	16:18	16:48	17:18	17:48
8	시로야마	8:54	9:24	9:54	10:24	10:54	11:24	11:54	12:24	12:54	13:24	13:54	14:24	14:54	15:24	15:54	16:24	16:54	17:24	17:54
9	사이고 동굴 앞	8:56	9:26	9:56	10:26	10:56	11:26	11:56	12:26	12:56	13:26	13:56	14:26	14:56	15:26	15:56	16:26	16:56	17:26	17:56
10	사쓰마 의사비 앞	8:59	9:29	9:59	10:29	10:59	11:29	11:59	12:29	12:59	13:29	13:59	14:29	14:59	15:29	15:59	16:29	16:59	17:29	17:59
11	사이고 난슈 현창관 앞	9:06	9:36	10:06	10:36	11:06	11:36	12:06	12:36	13:06	13:36	14:06	14:36	15:06	15:36	16:06	16:36	17:06	17:36	18:06
12	이마이즈미 시마즈가문 자택터(이쓰하이메 탄생지) 앞	9:11	9:41	10:11	10:41	11:11	11:41	12:11	12:41	13:11	13:41	14:11	14:41	15:11	15:41	16:11	16:41	17:11	17:41	18:11
13	센간엔(이소 정원) 앞	9:19	9:49	10:19	10:49	11:19	11:49	12:19	12:49	13:19	13:49	14:19	14:49	15:19	15:49	16:19	16:49	17:19	17:49	18:19
14	이진칸(이소 해수욕장) 앞	9:21	9:51	10:21	10:51	11:21	11:51	12:21	12:51	13:21	13:51	14:21	14:51	15:21	15:51	16:21	16:51	17:21	17:51	18:21
15	이사바시 기념공원 앞	9:26	9:56	10:26	10:56	11:26	11:56	12:26	12:56	13:26	13:56	14:26	14:56	15:26	15:56	16:26	16:56	17:26	17:56	18:26
16	가고시마역(간마치아) 앞	9:31	10:01	10:31	11:01	11:31	12:01	12:31	13:01	13:31	14:01	14:31	15:01	15:31	16:01	16:31	17:01	17:31	18:01	18:31
17	가고시마 수족관 앞	9:34	10:04	10:34	11:04	11:34	12:04	12:34	13:04	13:34	14:04	14:34	15:04	15:34	16:04	16:34	17:04	17:34	18:04	18:34
18	돌핀포트 앞	9:36	10:06	10:36	11:06	11:36	12:06	12:36	13:06	13:36	14:06	14:36	15:06	15:36	16:06	16:36	17:06	17:36	18:06	18:36
19	긴세이초	9:39	10:09	10:39	11:09	11:39	12:09	12:39	13:09	13:39	14:09	14:39	15:09	15:39	16:09	16:39	17:09	17:39	18:09	18:39
20	덴몬칸	9:42	10:12	10:42	11:12	11:42	12:12	12:42	13:12	13:42	14:12	14:42	15:12	15:42	16:12	16:42	17:12	17:42	18:12	18:42
21	가고시마 중앙역	9:50	10:20	10:50	11:20	11:50	12:20	12:50	13:20	13:50	14:20	14:50	15:20	15:50	16:20	16:50	17:20	17:50	18:20	18:50

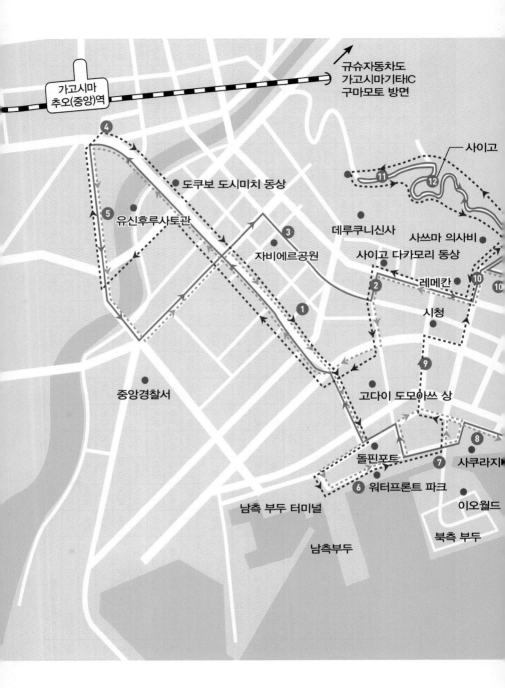

가고시마
추오(중앙)역

규슈자동차도
가고시마기타IC
구마모토 방면

사이고

④

⑪

⑫

도쿠보 도시미치 동상

⑤ 유신후루사토관

③

데루쿠니신사

사쓰마 의사비

자비에르공원

사이고 다카모리 동상

② 레메칸

⑩

⑩

①

시청

중앙경찰서

⑨

고다이 도모아쓰 상

⑧

돌핀포트

⑦ 사쿠라지

⑥ 워터프론트 파크

이오월드

남측 부두 터미널

북측 부두

남측부두

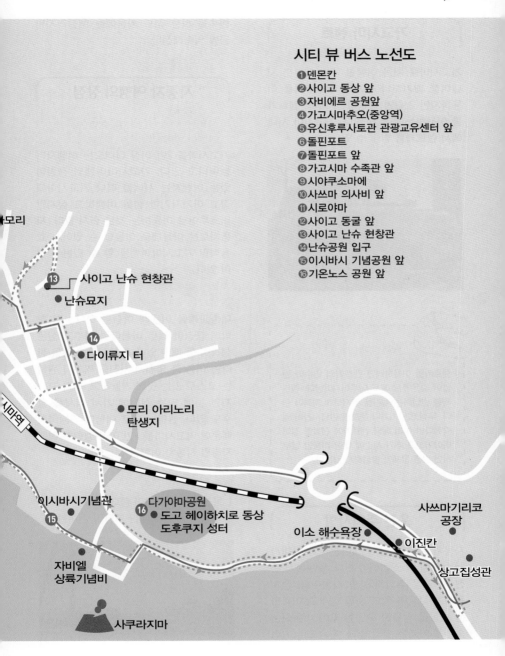

시티 뷰 버스 노선도

1. 덴몬칸
2. 사이고 동상 앞
3. 자비에르 공원앞
4. 가고시마추오(중앙역)
5. 유신후루사토관 관광교유센터 앞
6. 돌핀포트
7. 돌핀포트 앞
8. 가고시마 수족관 앞
9. 시야쿠소마에
10. 사쓰마 의사비 앞
11. 시로야마
12. 사이고 동굴 앞
13. 사이고 난슈 현창관
14. 난슈공원 입구
15. 이시바시 기념공원 앞
16. 기온노스 공원 앞

모리

13 사이고 난슈 현창관

난슈묘지

14 다이류지 터

모리 아리노리 탄생지

시마역

이시바시기념관

15

16 다가야마공원
도고 헤이하치로 동상
도후쿠지 성터

이소 해수욕장

사쓰마기리코 공장

이진칸

상고집성관

자비엘 상륙기념비

사쿠라지마

가고시마 렌트

가고시마를 처음 여행할 때는 대부분 시내여행 패키지나 현지의 버스투어를 이용하지만 2~3번 여행하면서부터 렌트카를 이용하는 경우가 많다. 가고시마 시내에서 렌트카를 빌릴 수 있다.

렌트카를 이용하려면

렌트카를 이용하려면 렌트카의 인수와 반납이 같은 장소에서 이루어져야한다. 렌트카를 반납하는 시간을 철저하게 지켜야 한다. 무심코 넘기거나 렌트카 반납시간이 임박했다면 미리 해당 렌트카에 전화를 걸어 이야기하고 추가 시간에 대한 비용만 납부하면 다른 문제가 발생하지 않는다.

운전 주의사항

자동차 주행 방향이 대한민국과 반대라서 운전할 때 조심해야 한다. 일본에서 운전 시 가장 주의해야 할 사항이다. 정지표시가 나오면 일단 차를 멈추고 이동하는 방향을 정확히 확인한 후에 이동하는 습관을 기르는 것이 좋다. 왼손으로 기어

변속을 하는 점도 처음에는 헷갈리지만 금방 익숙해진다.

자동차 여행의 장점

1. 시골과 같은 작은 마을 곳곳으로 여행이 가능하다.

가고시마를 2번 이상 다녀오는 여행자가 늘어나고 있다. 가고시마여행의 경험이 있는 여행자는 시내를 떠나 가고시마의 작고 아기자기한 섬을 여행하고 싶지만 버스투어로 이동하는 것은 쉽지 않다. 자동차로는 마음대로 이동할 수 있어서 효율적인 가고시마여행을 할 수 있는 장점이 있다.

2. 원하는 만큼 이동하고 볼 수 있다.

대중교통을 이용해 여행을 하다보면 창밖의 풍경이 너무 아름다워 멈추고 싶은 생각이 들 때가 있다. 자동차로 여행을 한다면 이동 중 멈춰서 사진을 찍거나 원하는 코스로 가는 것이 가능하고, 배가 고파지면 눈에 띄는 식당에 가서 식사를 할 수도 있다. 원하는 대로 여행이 가능하기 때문에 가고시마를 2번 이상 경험한 여행자라면 자동차 여행을 선호한다.

자동차 여행의 단점
1. 운전하는 피로감이 증대된다.
2. 자동차 사고에 대한 부담이 존재한다.

3. 주차를 못한다면 부담이 된다.
4. 길의 폭이 좁은 구간에서 트럭 같이 큰 차가 올 땐, 차를 한쪽으로 붙여서 정지시키고 상대방이 지나가는 것을 기다리는 것이 좋다.

자동차 여행의 Q & A

Q. 대중교통의 비용을 줄일 수 있다?
A. 관광버스나 교통패스를 이용하는 방법이 있지만 시간이 효율적이지 않아 여행 기간이 짧은 여행자가 대중교통을 이용하는 것은 조금 불편할 수 있다. 이럴 때 자동차로 이동하는 렌트카 비용은 상당히 매력적이다.

Q. 일본과 대한민국은 운전 방향이 달라 위험하지 않을까?
A. 통행 방향과 운전대의 방향이 한국과는 다르지만 정지선에서 잘 멈추기만 한

다면 사고가 날 확률도 적고 시내 중심부를 제외하면 도시에서 차가 붐비는 곳은 적기 때문에 경험해보면 운전이 어렵지 않다는 사실을 알게 된다.

Q. 아침부터 저녁까지 계속되는 운전을 강행할 수 있을까?
A. 운전하는 상황이 힘든 것은 사실이지만 눈앞에 펼쳐지는 아름다운 풍경들로 인해 힘든 것보다 더 큰 즐거움과 성취감도 높다. 그리고 시간이 지나면 운전이 상당히 쉽게 적응이 된다.
같이 운전할 수 있는 다른 여행자가 있다면 운전으로 인한 피로감을 상당히 줄일 수 있다.

Q. 렌트카를 빌리는 비용이 비싸지 않을까?
A. 렌트카의 비용은 비싸지 않다. 혼자서 여행하는 경우 교통비가 많이 들지 않지만 4명에서 여행을 한다면 렌트카 비용이

나 관광버스 비용이나 큰 차이가 나지 않는다.

Q. 기름 값이 비싸서 비용이 부담되지 않을까?
A. 일본의 기름 값이 저렴하지는 않지만 한국과 비교했을 때 그렇게 비싼 편도 아니다.

Q. 자동차로 이동하기 때문에 상세한 여행이 가능하지 않나요?
A. 정확한 여행 계획을 만든다고 하지만 처음에 자신의 운전방법을 고려하지 않았기 때문에 어디에서 숙박하는 등의 정확한 계획은 지켜지지 않는다. 기간을 정해 대략적인 여행 일정을 정해야 여행 일정의 조정이 가능하다.

네비게이션

네비게이션은 한글지원이 가능하기 때문에 가고시마에서 네비게이션 사용이 어렵지 않다. 한글이 지원이 안 되는 네비게이션이라도 전화번호와 맵코드를 이용하면 쉽게 목적지를 찾아갈 수 있다.

대한민국과 다른 일본 네비게이션
1. 일본이 대한민국과 네비게이션 사용방법이 다른 점은 맵코드MAPCODE를 사용한다는 점이다. 맵코드를 사용해 차량이 이동하는 위치를 찾기 편하도록 만든 것인데 정확한 위치가 아니고 목적지 근처라서 목적지에 거의 도착해 해매는 경우가 종종 있다.
2. 주행 중에는 네비게이션은 사용할 수 없다.

사용방법
1. 전원을 켜면 'HOME'의 시작화면이 나오고 좌측부터 소스변경, AV, 현재위치, 목적지 검색이 보인다.

2. 목적지 검색을 선택하면, 위치를 찾는 여러 방법이 나온다.

▶명칭
관광지나 숙소명으로 찾는 방법. 일본어로 입력해야 하고 정확한 숙소 명을 알아야 하기 때문에 많이 사용하는 방법은 아니다.

▶주소
주소를 입력하면 정확한 위치를 알 수 있지만 일본어로 입력해야 하기 때문에 어려움이 따른다.

▶번호
목적지의 전화번호를 입력하는 방법. 일본어를 몰라도 사용할 수 있어 편리하다.

▶MAP CODE
GPS상의 위치를 나타내는 특정 번호를

입력해 찾는 방법. 일본어를 몰라도 사용할 수 있어 편리하다.

▶구글 MAPCODE 검색 https://japanmapcode.com/ko/

3. 맵코드의 번호를 확인하여 입력한다.
4. 지도를 보면서 목적지로 Go Go!! 한글 음성이 가능한 네비게이션이면 더욱 편리하게 운전할 수 있다.

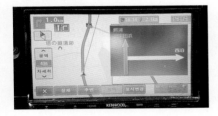

가고시마 도로상황

가고시마의 도로는 일부 비포장도로와 폭이 좁은 도로를 제외하면 운전하기가 편하다. 왕복 2차선도로로 시속 90km정도의 속도를 낼 수 있다. 대한민국과 운전대

의 방향이 다른 상태에서 운전을 하기 때문에 속도를 높여서 운전할 일은 별로 없다. 가고시마에는 일부 오프로드가 있고 그 오프로드는 운전을 피하는 것이 사고를 막는 방법이다.

도로운전 주의사항

렌트카로 여행할 때 걱정이 되는 것은 도로에서 "사고가 나면 어떡하지?"하는 것이 가장 많다. 지금, 그 생각을 하고 있다면 걱정일 뿐이다.

가고시마의 도로는 시내를 빼면 차량의 이동이 많지 않고 제한속도가 90km로 우리나라의 100km보다 느리기 때문에 운전 걱정은 하지 않아도 된다. 도로에 차가 많지 않아 운전을 할 때 차량을 보면 오히려 반가울 때도 있다.

운전을 하면서 단속 카메라도 신경을 써야 할 것 같고, 막히면 다른 길로 가거나 내 차를 추월하여 가는 차들이 많아서 차선을 변경할 때도 신경을 써야 할 거 같지만 단속카메라도 거의 없고 과속을 하는 차량도 별로 없다.

일본 차량은 방향등과 조명 레버가 오른쪽에, 와이퍼가 왼쪽에 있어 무의식중에 깜박이를 키면 와이퍼가 움직이는 경우가 종종 있다. 처음 운전을 할 때 가장 많이 하는 실수이기도 하다.

도로의 폭이 좁아서 정면에서 트럭이나 큰 차량이 오면 옆으로 붙여서 정지하고 큰 차량이 이동하고 나서 출발하면 사고가 나지 않는다. 대부분의 사고는 3가지 경우이다.

1. 일본에서는 정지선이 나오고 빨간색 신호등이라면 무조건 정차해야 한다. 우리나라는 우회전하는 경우에 멈추지 않고 운전을 하여 지나가지만 일본에서는 '무조건 정차'라는 사실을 인지해야 사고가 나지 않는다.

2. 우리나라와 반대로 좌측통행을 이용한다. 처음 출발할 때는 좌측 운전이란 것을 잘 인지하고 있어 문제가 없지만, 주차장에서 나올 때 종종 통행 방향을 착각해 사고가 나는 경우가 많다.

주차권 정산하는 방법

1. 진입할 때 발권 버튼을 누르면 주차권이 나온다.

2. 나갈 때 주차권을 넣으면 위쪽 화면에 지급해야 할 금액이 나온다. 표시된 금액대로 돈을 넣으면 바가 올라간다. 주차장의 왼쪽 아래의 빨간 버튼은 취소버튼 오른쪽 버튼은 영수증 버튼이다. 아뮤플라자의 주차장은 2000엔 이상 구매, 식사 영수증이 있다면 1시간 30분을 무료로 이용할 수 있다. 영수증이 없다면 1시간까지는 30분당 160￥, 이후 30분당 150￥을 지불해야 한다.

3. 우리나라에는 U턴이 일상적이지만 일본은 U턴이 없고 P턴이 있다.

주유소 이용하기

주유소는 가고시마 전체에 균일하게 분포되어 있으므로 운행 중에 쉽게 이용이 가능하다. 가고시마에 많이 있는 주유소는 "ENEOS"이다. 요금은 1L당 130엔 정도로 우리나라와 비슷하다. 렌트카를 반납할 때는 렌트카반납 전에 주유소에서 차량의 기름을 가득 채워 반납하는 것이 이익이다.

사고 발생 시 대처방법
사고가 발생하면 차량만 파손이 된 것인지, 사람까지 다쳤는지를 확인해야 한다. 차량만 파손이 되었으면 렌트카 사무실로 연락하여 대처요령을 받는 것이 편리하다. 렌트카를 대여해주는 영업소에는 사

고시의 매뉴얼을 갖추고 있다. 만약 큰 사고라면 반드시 경찰에 신고를 해야 한다.

렌트카 차량 받는 방법

1. 렌트카 사무실에 도착하여 예약확인서, 국제 운전면허증, 여권을 제시한다.
2. 렌트카 사무실에서 복사를 하고 차량에 대한 설명을 듣고 보험에 대한 설명까지 꼼꼼히 듣고 체크하고 요금을 지불한다.
3. 차량으로 이동하여 직원과 함께 차량 상태를 체크하는데 차량의 내, 외부를 자세히 확인해야 한다.
4. 네비게이션 사용방법까지 알려주므로 자세히 설명을 듣는다.
5. 이제 출발~~~

렌트카 차종 선택

가고시마는 평균 속도가 느리고 좁은 도로가 많아 경차를 선택하는 것이 좋다. 일본은 경제성이 뛰어난 경차를 더 선호하므로 렌트를 한다고 중형차를 선택하는 것은 좋은 선택이 아니다.

일본의 렌트카 상식 'わ'

대한민국의 렌트카 앞에는 허1988처럼 번호 앞에 '허'가 붙지만 일본의 렌트카는 번호 앞에 わ(와)가 붙는다.

KAGOSHIMA

가고시마

핵심도보여행

관광지는 대부분 중앙역과 덴몬칸 주변에 몰려 있어서 도보로도 충분히 여행이 가능하다. 가고시마 중앙역에 숙소를 정했다면 아뮤플라자부터 여행을 시작하면 된다. 중앙역에서 덴몬칸까지 도보로 20–30분 정도가 소요되기 때문에 어디서 출발해도 크게 멀어지진 않는다.

중앙역 옆에는 아뮤플라자가 있고, 아뮤플라자 6층에는 대관람차 아뮤란이 있다. 아뮤란

은 가고시마에서 영화 촬영을 할 때 자주 나오는 장소이기도 하다. 아뮤플라자는 연인이나 가족관광객이 주로 이용하지만 이용객이 많은 편은 아니다.

아뮤플라자에서 나와 왼쪽 횡단보도를 건너면 니시긴자 거리가 나온다. 이곳은 한국의 홍대보다는 작고 신촌과 비슷한 느낌의 먹자골목이 있다. 중앙역 건너편에는 이온 건물이 있는데 왼쪽으로 걸어가면 선술집이 모인 야타이무라가 있다. 야타이무라는 일본 이자카야의 분위기를 느낄 수 있는 곳으로, 좁은 공간에 놓인 테이블에

낮과 밤의 중앙역

다닥다닥 붙어 앉아 술과 안주를 먹으며 담소를 나눌 수 있어 밤 시간을 보내기에 좋다.

고쓰이 강변

오쿠보 도시미치 상

야타이촌(やたいむら)에서 더 직진하면 고쓰키 강이 나오는데 강변에 오쿠보 도시미치(大久保通銅像)상이 있다. 가고시마 시민들이 문화를 즐기는 공원이 같이 있어 겨울을 제외하면 항상 시민들로 북적인다.

고쓰키 강에서 덴몬칸(天文館)까지 걸어서 15~20분 정도 소요된다. 상가들이 도로를 따라 있고 전차와 버스 등이 왔다 갔다 한다. 덴몬칸은 각종 축제가 열리는 가고시마의 심장과 같은 곳이었다. 하지만 2009년 덴몬칸(天文館)에 있던 미쓰코시 백화점이 문을 닫으면서 지금까지도 옛 번화가의 입지를 회복하지 못했다.
더욱이 뒷골목이 환락가로 변하는 것 같아 다시 번화가의 명성을 회복하기는 힘들어 보인다. 덴몬칸 아케이드는 밀라노의 실내 쇼핑가처럼 상점들이 밀집해 있다. 입구에 쇼핑을 위한 면세점이 있어 많은 관광객들로 붐빈다.

덴몬칸

덴몬칸(天文館) 지역에서 가장 먼저 보아야 할 곳은 자비엘(ザビエル) 기념비이다. 자비엘 공원 (ザビエル公園)안에 있는 자비엘 기념비는 처음에 찾기가 쉽지 않다. 덴몬칸 아케이드를 지나오면 정면에 중앙공원이 나오는데 먼저 아케이드에서 왼쪽으로 돌아 2블럭을 가면 작은 자비엘 공원과 자비엘 기념비가 있다. 거리가 멀지 않아 아케이드에서 돌아가는 것이 찾기가 쉽다.

자비엘(ザビエル) 기념비

중앙공원

현립박물관

데루쿠니신사

다시 중앙공원으로 돌아와 중앙공원과 뒤에 있는 현립박물관, 데루쿠니신사를 이어서 본다. 데루쿠니신사에서는 시미즈 나리아키라(島津斉彬銅像), 시마즈다다요시(島津久光銅像), 시마즈히사미쓰(島津忠義銅像) 의 동상을 보고 도로로 나와 단쇼엔을 봐야 한다. 이 동상의 인물들은 메이지유신과 관련한 인물이다. 단쇼엔에서 중앙공원으로 돌아와 중앙공원 오른쪽 거리에 보이는 거리가 역사와 문화의 길로 학생들에게 메이지유신을 가르쳐 주는 장소이다. 역사와 문화의 길 초입에는 메이지유신의 주역인 사이고다카모리 동상(西郷隆盛銅像)이 있고, 시립미술관도 있어 견학 오는 학생 무리를 자주 볼 수 있다.

시립박물관

육교를 건너면 가고시마 근대문학관(鹿児島近代文学館), 가고시마 메르헨관(鹿児島メルヘン館), 쓰루마루 성터와 역사자료 센터인 레이메이칸(黎明館)이 같이 있고, 덴쇼인상(天璋院像)이 사거리 모퉁이에 있다.

왼쪽으로 돌아 조금만 올라가면 사쓰마 의사비(薩摩義士碑)가 나오는데, 이곳으로 이어진 계단을 통해 시로야마 전망대(城山展望台)에 올라 갈 수 있다. 시로야마 전망대는 사쿠라지마 화산과 가고시마 시내를 모두 볼 수 있어 꼭 가봐야 하는 관광지이다. 전망대에 가려면 시로야마 도로를 통해 올라가거나 산책길을 통해 올라가는 방법 등이 있고 JR, 시티뷰 버스를 타고 갈 수도 있다.

가고시마메르헨관

가고시마 중앙역
鹿兒島中央易

우리나라의 서울역과 비슷한 장소로 JR 등의 역뿐만 아니라 쇼핑몰, 택시, 버스 환승장이 몰려 있다. 원래 가고시마의 중심은 덴몬칸이었지만, 2009년 미츠코시 백화점이 망한 후 2010년대에 중앙역을 개발하여 지금은 중앙역이 쇼핑 및 생활의 중심이 되었다.

시민플라자(1F)

서쪽 출입구

환승용 주차장

먹자골목

입체주차장

기념품
골목

미니니로 창구

종합관광안내소

자전거주차장

입체주차장

유료 물품 보관함

아뮤플라자 가고시마

사쿠라지마 출입구(동쪽 출입구)

환승용 주차장

가고시마 추오에키마에 승장장

난고쿠센터 빌딩

난고쿠교통 버스터미널

난코투교통 버스터미널

🚻 화장실	🚶 계단	♿ 장애인용 화장실
🛗 엘리베이터	♿ 장애인 주차구역	
🚶 에스컬레이터	🚕 택시	❓ 종합관광안내소
P 주차장	🚲 자전거 주차장	🚌 버스주차장

No.	버스 주용 행선지	No.	버스 주용 행선지
東 1	도착편	東 14	사쿠라가오카 덴포잔 등
東 2	덴몬칸 다이묘가오카 등	東 15	요지로 현청 가모이케항 직행편(가노아) 등
東 3	덴몬칸 요시노공원 등	東 16	마쿠라자키 기세다 이부스키 지란 등
東 4	시티뷰버스 도시순회버스	東 17	메이와 나가요시(가고시마아레나) 등
東 5	덴몬칸 수족관 가고시마역 사쿠라지마페리 돌핀포트 등	東 18	공항버스 출발
東 6	덴몬칸 수족관 가고시마역 사쿠라이자페리 등	東 19	고속버스 출발도착(오사카(난바))
東 7	이시키 고리야마 아리키 등	東 20	도착편
東 8	정기관광버스	東 21	고속버스 출발도착(후쿠오카/나가사키/이야자키/구마모토/오이타)
東 9	정기관광버스	東 21	공항버스 출발도착
東 10	도착편	東 22	도소 무라사키바루 사이고단지 등
東 11	다테바바 사카모토 요시다 등	東 23	고속버스 출발도착(후쿠오카)
東 12	다테바바 시로야마단지 등	西 1	메이와순환선
東 13	요시노 우에노하라 등	西 2	도착편

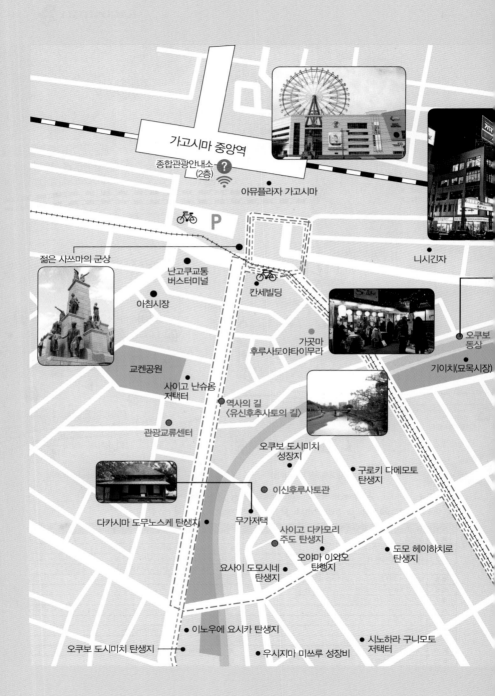

가고시마 중앙역

종합관광안내소 (2층)

아뮤플라자 가고시마

젊은 사쓰마의 군상

니시긴자

P

난고쿠교통 버스터미널

칸세빌딩

아침시장

가곳마 후루사토야타이무라

오쿠보 동상

교켄공원

사이고 난슈옹 저택터

기이치(묘목시장)

역사의 길 〈유신후추사토의 길〉

관광교류센터

오쿠보 도시미치 성장지

구로키 다메모토 탄생지

이신후루사토관

다카시마 도무노스케 탄생지

무가저택

사이고 다카모리 주도 탄생지

도모 헤이하치로 탄생지

오야마 이와오 탄생지

요사이 도모시네 탄생지

이노우에 요시카 탄생지

시노하라 구니모토 저택터

오쿠보 도시미치 탄생지

우시지마 미쓰루 성장비

86

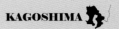

한눈에 가고시마 시내 파악하기

가고시마의 관광지는 가고시마 중앙역에서 전차나 시내버스를 이용해 갈 수 있다. 시로야마 주변 등 시내를 도는 복고풍 버스인 가고시마 시티 뷰는 1회 190¥(1일 승차권은 600¥)이고 30분 간격으로 운행된다.

가고시마는 만을 따라 남북으로 길게 뻗어 있는 남 규슈의 도청소재지이다. 2개의 JR역 중 대표적인 기차역은 남쪽의 니시가고시마(西鹿児島)역이다. 미나미규슈 최고의 번화가로 불리는 덴몬칸도리(天文間通り)는 음식과 쇼핑을 즐길 수 있다. 대표적인 관광지 센간엔은 가고시마의 배경을 이루는 언덕에 있다.

덴몬칸은 가고시마 중앙역에서 전차로 7분 정도 가다가 덴몬칸도리(天文館通り)에서 하차하면 된다. 사쿠라지마는 전차나 시티뷰 버스로 수족관 입구(水族館口)/수족관 앞(水族館前)까지 가서 사쿠라지마행 페리를 타면 약 15분 정도 소요된다.

기무라 단겐 탄생지

쓰마의사 묘

공원

대관람차 아뮤란
アミュラン

중앙역 옆에는 아뮤플라자가 있고, 아뮤플라자 6층에는 대관람차 아뮤란이 있다. 아뮤란은 최대 높이 9의 대관람차로 가고시마에서 영화 촬영을 할 때 자주 나오는 장소이기도 하다. 아뮤플라자는 연인이나 가족관광객이 주로 이용하지만 이용객이 많은 편은 아니다.

관람차는 2000년 밀레니엄 프로젝트의 일환으로 설치된 영국의 런던아이가 대성공을 이룬 이후, 전 세계의 많은 도시에서 만들어 운영하고 있다. 가고시마의 아뮤란도 그 중에 하나인데 아침과 야경이 아름답기로 유명하다.

관람시간_ 10~23시
관람비_ 500¥

젊은 사쓰마의 군상
鎖國時代の留學生

1865년 사쓰마 번이 비밀리에 파견한 일본 최초의 유학생 19명의 젊은이들을 기념하기 위한 동상이다. 동상에는 17명이 세워져 있는데 사쓰마에서 살지 않았던 2명은 제외되어 있다. 1863년 사쓰에이 전쟁에서 패한 사쓰마 번은 유럽 문명에 대항할 수 없다는 것을 깨닫고 서양문화와 문물에 대한 우수성을 실감해 영국에 유학생과 외교 사절단을 파견했다.

이 젊은이들이 일본의 근대화에 활용되었다. 당시 에도 막부시기였기 때문에 해외 유학을 갈 수 없었지만 사쓰마 번은 목숨까지 걸고 용기 있는 결단을 내렸다. 이들은 적극적인 열정을 가지고 역사를 크게 전화시키는 근대화의 원동력이 되었다.

아뮤 플라자 가고시마
AMU PLAZA KAGOSHIMA

JR 규슈에서 직접 운영하고 있는 쇼핑몰로 JR 가고시마 중앙역 오른쪽에 문을 열었다. 지하 1층, 지상 6층 규모의 건물 외벽에는 아뮤 비전이라고 부르는 대형 전광판이 있고, 6층에는 건물 높이보다 더 큰 규모를 자랑하는 대관람차인 아뮤란이 있다.

지하 1층에는 백화점 지하와 비슷한 분위기의 푸드 코트가 있고 1~4층에는 패션 잡화와 화장품 등이 5층은 레스토랑으로 가족, 연인 등 다양한 계층이 식사를 하러 방문한다. 6층에는 영화관과 게임센터가 있어 젊은 층이 많이 찾는 편이다.

홈페이지_ www.amu-kagosima.com
주소_ 鹿兒島市中央町1-1
영업시간_ 10~21시(5층 식당가 11~23시)
전화_ 099-247-1551

아뮤플라자(アミュプラザ鹿児島)

1 소바 차야 후키아게안
(そば茶屋 吹上庵)

아뮤플라자 지하 1층에 위치한 소바 전문점

▶추천메뉴

흑돼지와 흑돼지 튀김(黒豚から揚げ/쿠로부타)
카라아게를 넣은 소바이다. (흑돼지 카츠 소바
는 하루에 판매하는 수량이 한정되어있음)

흑돼지 소바(黒豚そば/쿠로부타 소바)
토핑으로 올라간 유즈코쇼가 국물에 향을 더
해준다. 흑돼지도 부드럽고 간이 잘 배어있어
소바와 궁합이 좋다. 따뜻한 국물이 있는 소
바는 드물게 느껴질 수도 있으나 한 번 먹어
보면 차가운 소바와는 다른 식감과 맛에 빠질
것이다.

☎ 전화번호 | 099-250-6555
🕐 영업시간 | 10:00~21:00 (L.O 20:30)

2 스시 마도카(寿しまどか)

아뮤플라자 지하 1층에 위치한 회전 초밥집

레일을 돌고 있는 초밥 종류가 많지 않아 주문
서를 작성하거나 직원을 불러 주문하는 것이
좋다.

※와사비 넣음(ワサビ入) / 와사비 뺌(ワサビ抜)

▶추천메뉴

지느러미(えんがわ/엔가와)
부드러운 막을 씹는 듯한 독특한 식감이 중독
성 있다.

연어 5종 모둠
(サーモン尽くし五貫盛/사몬 츠쿠시 고칸모리)
연어를 사용한 5종류의 초밥으로 연어의 다양
한 맛과 식감을 즐길 수 있다. 보통 연어 초밥
외에 뱃살, 아보카도&마요네즈, 양파&마요네
즈, 군함이 나온다.

☎ 전화번호 | 099-250-6555
🕐 영업시간 | 10:00-21:00 (L.O 20:40)

③ 덴몬칸 무쟈키(天文館むじゃき)

아뮤플라자 지하 1층에 위치한 일본식 빙수
시로쿠마(白熊)를 판매하는 가게

☎ **전화번호** | 099-256-4690
🕐 **영업시간** | 10:00〜21:00 (L.O 20:20))

⑤ 츠키지 긴다코(築地　銀だこ)

아뮤플라자 지하 1층 푸드코트 근처에 위치한
일본의 유명 타코야키 체인점

▶ **추천메뉴**
파가 듬뿍 올려진 네기다코(ねぎだこ)

☎ **전화번호** | 099-812-7050

④ 카츠쥬(かつ寿)

아뮤플라자 지하 1층에 위치한 돈가스 전문점
으로 가고시마산 흑돼지를 사용한 메뉴가 인
기 있다.

☎ **전화번호** | 099-812-7127
🕐 **영업시간** | 10:00-21:00 (L.O 20:30)

⑥ 호시노커피(星乃珈琲店)

아뮤플라자 5층에 위치한 카페

부드럽고 폭신한 수플레 팬케이크를 판매하며
일본 여러 지역에 체인점이 있다.

☎ **전화번호** | 099-814-7715
🕐 **영업시간** | 10:00-23:00 (L.O 22:30)

7 텐진호르몬(天神ホルモン)

아뮤플라자 5층에 위치한 하카타 텐진 호르몬의 체인점

▶추천메뉴
호르몬(곱창) 철판 복음을 판매한다.

(전화번호 | 099-285-2920
⊙ 영업시간 | 11:00-23:00 (L.O 22:00)

8 CHEESE & DORIA

아뮤플라자 5층에 위치한 가게

7종류의 치즈를 사용한 도리아와 오므라이스를 판매한다.

(전화번호 | 099-812-6309
⊙ 영업시간 | 11:00-23:00 (L.O 22:00)

니시긴자
Nisiginza

니시긴자 거리는 우리나라의 홍대보다는 작은, 신촌과 비슷한 느낌의 먹자골목이 있다. 야타이무라(屋台村)가 옛 분위기가 있다면 니시긴자는 더 현대적인 분위기 이다. 주로 저녁 시간대에 문을 열며 술을 마실 수 있는 이자카야가 골목마다 모여 있다.

퇴근한 직장인들이 모여 술을 마시는 곳 으로 관광객은 거의 없어 일본어를 하지 않는 손님은 조금 눈에 띈다. 현지 술집의 분위기를 만끽하고 싶은 사람이라면 추 천한다.

주소_ 鹿兒島 西韓座通リ

고쓰키 강변
甲突川邊

가고시마의 중앙을 흐르는 고쓰키 강에는 역사의 길이 있다. 주변에는 유신 후루사토관(維新ふるさと館)도 있고 아침, 저녁으로 산책을 하는 시민들도 볼 수 있다. 메이지 유신 때에는 이 강변을 중심으로 가고시마의 시민들이 살고 있었다.

고쓰키 강변의 벚꽃

가고시마의 중심부를 흐르는 고쓰키 강은, 봄에는 약 500그루의 벚꽃이 만개해 밤 10시까지 벚꽃을 감상할 수 있다. 4월초 강변을 물들이는 '사쿠라아카리페스타'가 개최되고 3월 중순부터 묘목시장이 열려 시민들이 모여든다.

가고시마 중앙역

↑ 가고시마 중앙역 방향

타카미바시

고쓰키 강

나포리 거리

오쿠보 토시미치 동상

오쿠보 토시미치 성장지

유신 후루사토칸

오야마 탄생지

토고 해이하치로 탄생지

사이고 타카모리 쓰구미치 탄생지

코라이바시

야타이무라
屋台村

야타이무라는 주문 시 술과 음료를 필수로 선택해야 하는 곳이 많다. 꼬치나 튀김, 라멘 등의 기름진 음식엔 생맥주(生ビール/나마비-루)나 하이볼(ハイボール), 생선요리엔 일본주(日本酒)가 어울린다. 술을 마시지 않는 경우에는 우롱차(ウーロン茶) 등의 소프트 드링크(ソウトドリンク)를 주문하자.

홈페이지_ www.kagoshima-gourmet.jp
주소_ 鹿児島県鹿児島市中央町 6-4
위치_ 가고시마중앙역 동쪽출구에서 도보 5분
영업시간_ [월/화/목/금] 17:00~익일1:00
　　　　　[수/토/일] 11:00~14:00/17:00~익일1:00
전화_ 099-255-1588

일본 소주 마시는 법

일본의 소주는 알코올을 증류한 증류주로 도수가 높고 향이 강한 것이 특징이다.
그래서 그대로 마시기보다 물이나 차 등에 희석 시키거나, 데워서 마시는 등의 다양한 방법으로 마시는 사람이 많다.

▶**소주 마시는 방법(焼酎の飲み方)**
1. 록(ロック) : 보통의 소주 / 있는 그대로의 소주를 즐기는 방법
2. 미즈와리(水割リ) : 물을 넣어 희석시키는 방식 / 마시기 쉬우나 조금 밍밍한 느낌이 든다.
3. 오챠와리(お茶割リ) : 차를 넣어 희석시키는 방식, 차가운 차, 따뜻한 차 어느쪽이든 가능하다. / 마시기 쉬우면서도 밍밍한 느낌이 덜하다.
4. 오유와리(お湯割リ) : 따뜻한 물을 넣어 희석시키고 온도도 올리는 방식 / 소주의 향을 더욱 끌어올린다.

▶**일본 소주의 종류**
1. 고구마(芋) 2. 쌀(米) 3. 보리(麦)
(그 외에도 메밀, 흑설탕 등 다양함)
※가고시마에서는 특산품인 고구마를 원료로 한 고구마 소주가 유명하다

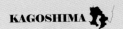

와시오/야키토리
鷲尾/焼鳥

주 메뉴는 꼬치이며 닭 사시미나 유산슬 등의 술안주도 판매한다.

▶추천 꼬치
닭껍질(皮/카와), 다진 닭고기(つくね/츠쿠네), 파닭꼬치(ねぎま/네기마), 모래주머니(砂ズリ/스나즈리), 흑돼지삼겹살(黒豚バラ/쿠로부타바라), 토마토베이컨(トマトベーコン), 간(レバー/레바)

meat EN/곱창 볶음국수
モツ焼そば/모츠 야키소바

살짝 매콤함이 가미된 볶음국수는 다른 곳보다 간이 세지 않고 적당하다. 보통 볶음국수에는 돼지고기를 넣지만, 이 가게는 돼지

고기 대신 곱창을 넣어서 먹다보면 쫄깃쫄깃한 식감이 살아있다.

영업시간_ 낮 12:00~14:00(월~목)
저녁 17:00~24:00
(토, 일, 공휴일 15:00부터)

타루미즈/모듬 튀김
たるみず/天ぷら盛り合せ

주 메뉴는 사시미로 그날그날 신선한 생선이 다르기 때문에 추천 메뉴를 물어보는 것이 좋다.

▶추천메뉴
넙치(鮃/히라메) : 비린 맛이 없고 담백하다. 와사비보다 같이 나오는 폰즈(유자간장)에 찍어 먹는 것이 맛있다. 부드러운 회의 식감과 향긋한 유자향이 잘 어울린다.

영업시간_ 낮 12:00~14:00(월, 화, 토, 일)
저녁 17:00~24:00
(토, 일 14:00, 공휴일 15:00부터)

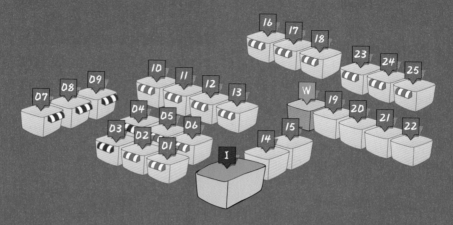

かごっま屋台村

1 黒豚横丁
🕐 11:00~14:00, 18:00~24:00
🍴 昼食: 600円, 夕食: 1,500円
📞 099-255-1588 (+81-99-255-1588)

2 のぶ庵
🕐 月: 12:00~14:00/17:00~25:00
　火~土: 17:00~24:00
📞 099-255-1588 (+81-99-255-1588)

3 衣食汁
🕐 月: 12:00~14:00/17:00~24:00
　火~土: 17:00~24:00
📞 099-255-1588 (+81-99-255-1588)

4 まつぼし
🕐 月: 12:00~14:00/17:00~25:00
　火~土: 17:00~25:00
📞 099-255-1588 (+81-99-255-1588)

5 お野菜王国
🕐 月: 12:00~14:00/17:00~25:00
　火~土: 17:00~25:00
📞 099-255-1588 (+81-99-255-1588)

6 くろころや
🕐 月: 12:00~14:00/17:00~25:00
　火~土: 17:00~25:00
📞 099-255-1588 (+81-99-255-1588)

7 さくら屋
🕐 月: 11:30~14:00/17:00~24:00
　火~土: 17:00~24:00
📞 099-255-1588 (+81-99-255-1588)

8 せいせん
🕐 月: 12:00~14:00/17:00~25:00
　火~土: 17:00~25:00
📞 099-255-1588 (+81-99-255-1588)

9 たるみず
🕐 月: 12:00~14:00/17:00~24:00
　火~土: 17:00~24:00
📞 099-255-1588 (+81-99-255-1588)

10 籠ノ島
🕐 月: 12:00~14:00/17:00~24:00
　土~月: 17:00~24:00
📞 099-255-1588 (+81-99-255-1588)

11 日置蔵
🕐 火: 12:00~14:00(LO 13:30),
　17:00~25:00
　水~月: 17:00~24:00
📞 099-255-1588 (+81-99-255-1588)

12 うっしっしぃ～
🕐 月~金: 18:00~24:00
　土: 12:00~14:00/18:00~24:00
📞 099-255-1588 (+81-99-255-1588)

입장순서	① 직원이 안내하는 자리에 자리를 잡는다. ② 술을 먼저 주문하고 안주는 나중에 주문한다. ③ 안주는 저렴하지 않고 양이 적어서 1인당 1개의 　안주를 주문하는 것이 좋다.
야타이촌 인기메뉴	다마고야키(たまごやき) : 일본식 닭갈말이 데바사키(てばさき) : 닭 날개 구이 야키토리(やきとり) : 일본식 닭꼬치 교자(教子) : 일본식 군만두 멘타이고야키(明卵子焼き) : 구운 명란

13 鷲尾
🕐 월/수 : 12:00~14:00, 17:00~24:00
화/금 : 17:00~24:00
토/일/월 : 15:00~24:00
📞 099-255-1588 (+81-99-255-1588)

14 こころ
🕐 목/금 : 12:00~14:00/17:00~24:00
토~수 : 17:00~24:00
📞 099-255-1588 (+81-99-255-1588)

15 はま田
🕐 12:00~14:30/18:00~24:00

16 SATSUMA
🕐 화 : 12:00~14:00/17:00~24:00
수~ : 17:00~24:00
📞 099-255-1588 (+81-99-255-1588)

17 Zen-shin
🕐 월 : 12:00~14:00/18:00~25:00
화~일 : 18:00~25:00
📞 099-255-1588 (+81-99-255-1588)

18 愛加那
🕐 수~토 : 12:00~14:00/17:00~24:00
월/수 : 17:00~24:00

19 大隅くわん家
🕐 수~금 : 12:00~14:00/17:00~25:00
일~화/목~금 : 17:00~25:00
📞 099-255-1588 (+81-99-255-1588)

20 TAGIRUBA
🕐 수~금 : 11:30~14:00/17:00~25:00
토~일/주일 : 11:30~14:00/15:00~25:00
📞 099-255-1588 (+81-99-255-1588)

21 ふいっしゅばーど
🕐 목~일 : 15:00~24:00
화/수 : 17:00~24:00
📞 099-255-1588 (+81-99-255-1588)

22 奄美ちゃんぷる
🕐 월~목 : 17:00~25:00
금~일 : 12:00~14:00/17:00~26:00
📞 099-255-1588 (+81-99-255-1588)

23 八木男
🕐 수 : 18:00~24:00
목~화 : 12:00~15:00/18:00~24:00
📞 099-255-1588 (+81-99-255-1588)

24 じゅ~まる
🕐 월 : 17:00~24:00
화~일 : 12:00~14:00/17:00~24:00
📞 099-255-1588 (+81-99-255-1588)

25 ぶえんもゆかり
🕐 월~목 : 17:00~24:00
토~토 : 12:00~14:00/17:00~24:00
📞 099-255-1588 (+81-99-255-1588)

유신후루사토관
維新ふるさと館

메이지유신의 역사와 문화 등을 첨단 기술을 이용해 소개하고 있는데 메이지유신의 '마담투소'같은 느낌이다. 가고시마에서 시작된 메이지유신에 대한 내용을 널리 알리기 위해 지하 1층의 유신 체험홀에서 사이고 다카모리(西鄉隆盛)와 오쿠보 도시미치(大久保利通) 같은 유신의 중심인물들을 실물크기 로봇과 영상으로 만들어 약 25분 동안 드라마로 상영한다. 또한 가고시마와 연관된 인물들을 소개하고 있는데 대부분의 방문객은 학생이다.

주소_ 鹿兒島市加治室町23-1
위치_ JR가고시마 중앙역에서 10~15분 정도 걸어서 이동
관람시간_ 09~17시
요금_ 300￥(초, 중학생 150￥, 단체 240￥)
전화_ 099-239-7700

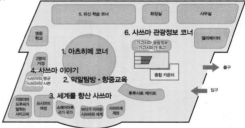

역사의 길

에도시대 막부 말기의 사쓰마를 알 수 있는 역사 산책 장소로 고쓰키 강변의 녹지에 있다. 중앙역 건너 버스 터미널과 직선상에 있는 나폴리 거리는 역사의 길이자 유신후루사토의 길로, 유신의 주역이 태어난 살던 고쓰키 강과 인접해 학생들의 견학 장소로도 유명한 곳이다.
관광교류센터에서 지도를 구해 가도 되지만 일직선으로 걷다보면 모든 장소를 다 볼 수 있다. 무가저택, 이로하우타의 광장, 유신후루사토관, 사이고 다카모리 탄생지를 알리는 비석 등이 있다.

가지야초

옛날 가고시마는 무사들의 거주지가 몇 개의 지역으로 나뉘어 있었다. 거주지의 통합을 '고주' 또는 '호기리'라고 불렀다. 각 지역에 형성된 청소년 교육기관 고우노아이쥬를 생략해 '고주'라 불렀다. 막부 말기부터 메이지시대에 걸쳐 위인을 많이 육성한 것으로 알려져 있다.

무가저택

고쓰키 강변의 시다가지야초는 막부 말기부터 메이지시대에 걸쳐 활약한 사이고 다카모리 등의 하급무사들의 거주지였다. 시다가지야초에는 70가구 정도의 집에 하급무사가 거주하고 있었으며, 당시의 저택은 '후타츠야'라고 부르는 주거 형태였다.
후타츠야는 거실을 중심으로 한 예절을 중시하는 공간 '오모테'와 부엌 등의 일상생활을 위한 공간인 '나카에'가 가까이 있고, 지붕은 둘이면서 방이 하나로 이어진 구조를 하고 있다. 지붕은 지푸라기나 억새를 주로 사용했다. 당시 하급무사의 생활은 풍요롭지 못해 매일 쌀을 먹을 수 없었고, 부업으로 우산의 뼈대나 특산물인 빗을 만들고 농사를 도우며 연명했다고 한다.

이로하우타의 광장

1827년 사쓰마번의 하급무사 집안에서 태어난 사이고 다카모리는 장관을 역임하였고 현재 탄생지는 시민들이 쉴 수 있는 공원이 되어 있다.

EATING

이치니상
いちにさん

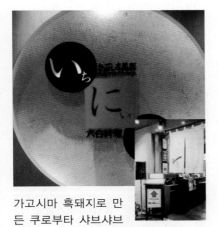

가고시마 흑돼지로 만든 쿠로부타 샤브샤브나 스키야키 정식이 유명한 이치니상은 가고시마 시내에 여러 점포가 있다. 가장 접근성이 좋은 곳 중 하나가 중앙역 아뮤 플라자에 있는 이치니상이다. 샤브샤브가 흑돼지고기가 유명한 가고시마에서 국물이 한기를 막아주는 맛은 정말 일품이다.

위치_ 아뮤플라자 가고시마 5F 1-1
전화_ 099-252-2123

카와큐
Kawakyu

중앙역 근처의 나카스도리는 먹자골목으로 생각하면 이해가 쉽다. 카와큐는 이곳에 있는 식당과 선술집 사이에서 돈가스로 유명한 곳이다. 흑돼지 돈가스가 주 메뉴로 두툼한 고기가 부드럽게 목을 타고 넘어간다. 등심 돈가스에 두터운 비계까지 들어가며 한입 먹어보면 부드럽게 입 안에서 녹아 돼지고기가 이렇게 부드러울 수 있는지 의심이 가는 맛이다. 돼지고기의 부위와 등급에 따라 가격이 다른데 중간 정도의 등급이라도 충분히 맛있는 돈가스를 즐길 수 있다.

주소_ 中央易 21-13
전화_ 099-255-5414

돈카츠 쿠로카츠테이
黑かつ亭

고기가 두툼하여 튀김옷이 제대로 입혀져 있을까라는 생각이 들지만 한 입 베어물면 겉은 바삭하고 속은 부드러워 그 맛에 놀란다. 흑돼지의 육질이 살아있는 돈가스로 관광객뿐만 아니라 가고시마 시민들에게도 사랑받고 있다. 다만 바닥이 끈적거리는 느낌이 들어 싫어하는 사람도 있다.

주소_ 中央易 16-9
영업시간_ 11~15:30, 17~22시(연중무휴)
전화_ 099-285-2300

카와미
かわみ

고쓰키강변(甲突川邊)에 위치한 현지인 추천 맛집으로 당일 들어온 생선으로 회, 구이, 조림과 덮밥, 튀김, 전골 등을 만들어 파는 가게이다. 기본적으로 재료가 신선해 어떤 메뉴를 골라도 맛있다.
점심식사에 나오는 돈가스, 크로켓 등의 정식 메뉴도 인기가 높다. 23시까지 영업을 하기 때문에 식사와 술을 동시에 할 수 있다.

주소_ 鹿兒島市中央町 5-11
영업시간_ 11:00~14:30, 18~23시
요금_ 돈가스 900¥, 회 2,200¥
전화_ 099 802 4266

자판기 천국

자판기 문화가 발달된 나라 일본. 담배 자판기, 잡지 자판기 등 특이한 자판기가 많이 보급돼 있는 곳이 일본이다. 가고시마에서도 역시나 특이한 자판기 하나를 발견했다. 이런 것이 여행의 소소한 재미랄까. 아이스크림은 슈퍼마켓에서만 사먹을 수 있다는 편견을 깨주는 아이스크림 자판기와 부드러운 생크림이 듬뿍 들어간 크레이프 자판기 등 신기한 자판기가 있다.

일본 우동과 라멘

우동

우리나라에서도 여행을 갈 때 휴게소에서 한번쯤은 먹는 것이 우동이다. 하지만 그 맛은 대단히 불량하다. 우동은 후루룩 소리를 필수적으로 내게 되는 음식이다. 소리를 내지 않고 먹어야 예의라고 배운 우리에게 우동은 후루룩소리는 필수적으로 내게 되는 음식이다. 그래서 일본의 우동 맛집은 후루룩 소리가 끊임없이 요란하게 들리는 곳이면 의심하지 말고 맛집이라고 생각하면 된다.

우동은 밀가루, 소금, 물로 만든 반죽을 손으로 치대면서 숙성시키는 음식으로 면의 굵기와 모양에 따라 식감이, 국물과 고명에 따라 맛이 달라진다. 우동 위에 얹은 유부, 고기, 파, 튀김 등 고명의 차이로도 조금씩 맛이 달라지고 레시피도 여러 개라 각 식당마다 자부심을 가지고 만드는 음식이다. 우리나라에도 있지만 본토의 우동은 일본 여행에서 빼놓을 수 없는 음식 중 하나이다.

우동의 종류는 여러 가지가 있다. 달걀을 얹은 모양이 달을 연상시킨다고 하여 이름 붙여진 츠키미 우동, 바삭한 튀김을 얹은 덴뿌라 우동, 고기를 넣은 니쿠 우동 등이 인기가 있다. 우동 국물은 다시마와 말린 멸치, 해산물이 우려져 깔끔한 맛이 나와 마시면 개운한 느낌을 가지게 된다. 면은 정사각형 모양이지만 칼국수처럼 매끈한 면과 탄력이 넘치는 시코쿠 지방의 사누키 우동 같은 특징을 가지고 있다. 일본의 각 지방마다 특징적인 우동을 가지고 있어 이를 찾아 먹어보는 것도 하나의 즐거움이다.

우동은 어디서 발생한 음식일까? 우동은 후쿠오카에서 1214년, 에도시대에 쇼이치 국사가 송나라에서 돌아오는 길에 우동과 소바를 만드는 기술을 가지고 와 전파가 되었다고 한다. 쇼이치 국사가 중국의 국수를 가지고 와 승려와 상류층만 먹을 수 있는 음식으로 전해지다가 에도시대에 중기 이후부터 널리 전파되기 시작했다고 한다.

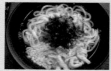  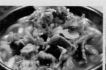 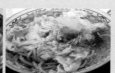

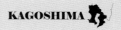

라멘

중국의 납작한 면에서 왔다는 '라멘'은 메이지 유신 이후 일본이 개항하면서 나타났다. 중국인들이 노점에서 납면을 만들어 판 밀가루 반죽은 손으로 가늘게 늘려 면을 뽑아 만드는 수타면 음식으로 시작되었다고 알려져 있다. 1958년 닛신 식품이 튀겨서 만든 치킨라멘이 판매되면서 '라멘'이라는 이름으로 고정되어 지금은 일본을 대표하는 국민 면에 이르게 되었다.

면과 국물, 국물 위에 얹는 고명으로 라멘은 지역과 식당마다 다양한 종류로 맛집이 생겨나고 있다. 일본은 라멘국가라고 할 수 있을 정도로 라멘의 종류가 다양하다. 된장으로 맛을 내는 미소라멘, 간장을 넣어 만드는 쇼유라멘, 소금으로 깔끔한 맛을 내는 시오라멘, 돼지 뼈로 고아낸 육수가 특징인 돈코츠라멘이 있다.

돈코츠 라멘은 후쿠오카에서 만들어진 라멘으로 국물이 우리나라의 돼지고기 국밥에서 나오는 맛과 거의 비슷하다. 부산의 돼지국밥과도 비슷한 맛이다. 우리가 인스턴트 라면에 익숙해져 있어서 일본 라멘의 진한 국물 맛 때문에 일본 라멘을 싫어하는 사람도 있다. 하지만 부산의 돼지국밥 맛을 좋아한다면 일본의 라멘 맛도 좋아할 것이다.

가고시마에는 한국인의 관광이 늘어남에 따라 식당에서 한국인을 위한 김치라멘도 만들어질 정도로 대한민국 관광객을 위한 라멘도 판매되고 있다.

가고시마 가라이모(唐芋) Best 3

가라이모(唐芋)는 고구마를 일컫는 일본어이다. 사츠마이모(サツマイモ), 가라이모(唐芋)는 모두 고구마를 뜻한다. 가라이모는 가고시마 여행에서 많이 구입하는 품목으로 시내를 걷다보면 한번은 찾아가는 곳이다.

와쿠카 가라이모 본점 (和風募からいも)

천혜의 자연환경으로 둘러싸인 가고시마는 고구마 생산지로 유명하여 고구마와 관련된 먹을 거리가 많은데 과자, 케이크, 빵 등 많은 달콤한 행복을 느낄 수 있는 가고시마의 명물로 중앙역 정면에 있어 찾기도 쉬워서 미리 구입을 못했어도 공항버스를 기다리면서 구입이 가능하다. 너무 달다고 하는 사람도 있지만 나이 드신 분들은 매우 좋아하므로 부모님 선물로 좋다.

주소_ 鹿児島中央易 1-1
영업시간_ 09〜21시
전화_ 099-239-1333

덴몬칸 페스티바로 (天文館フェスティバロ)

페스티바로는 다른 가라이모월드처럼 일본 전통과자를 파는 곳으로 유명하다. 1층은 매장 2층은 카페로 되어있는데 메인 상품은 가라이모 레어케이크 라브리(러블리)이다. 미나미후(みなみ風)농장에서 직접 재료를 공수하고 있다고 한다. 매장이 상당히 커서 손님이 많아도 쾌적하게 보면서 주문을 할 수 있다.

홈페이지_ www.festivalo.co.jp
주소_ 鹿児島県鹿児島市呉服町1-1
위치_ 노면전차역 덴몬칸도리에서 도보 1분
영업시간_ 09〜20시 (정기휴일 1/1)
전화_ 099-239-1333

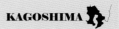

사츠마 요키야 카가시 요코초 (菓々子横丁 天文館電停か)

덴몬칸 쇼핑몰을 들어가자마자 왼쪽으로 보이는 빵집으로 항상 사람들로 북적이는 곳이다. 일본의 야생 마를 재료로 전통과자와 찹쌀떡형태의 팥이 입안에서 빨리 녹아 단맛을 낸다. 일본식 과자와 케익까지 상당히 큰 매장에 다양한 빵과 과자를 볼 수 있어 하나씩은 사가게 되는 곳이다. 특히 나이 드신 분들이 맛있다고 손을 치켜세운다.

주소_ 鹿児島県鹿児島市千日町 6456-1
위치_ 덴몬칸도리에서 입구 도보 1분
영업시간_ 09~21시
전화_ 099-238-6100

About 메이지 유신

일본의 정치, 경제, 사회를 근대화로 뒤바꾼 혁명

선진자본주의 열강이 제국주의로 이행하기 직전인 19세기 중반, 일본 자본주의 형성의 전환점이 된 과정으로 그 시기는 대체로 1853년에서 1877년 전후로 잡고 있다. 1853년 미국의 동인도함대 사령관 M.C.페리 제독이 미국 대통령의 개국(開國) 요구 국서(國書)를 가지고 일본에 왔다. 에도 막부가 서양의 개항 압력에 견디지 못하고 쿠로후네 사건으로 조약을 체결하자, 이에 반발한 막부 타도 세력과 왕정복고 세력에 의해 막부가 무너지고(1867년의 대정봉환) 덴노 중심의 국가로 복고된 대사건을 말한다. 대개 개시 시기는 메이지 연호가 시작된 1868년으로 본다. 메이지 유신이라는 말은 현대에서 쓰이는 역사 용어이다.

1854년 미 · 일 화친조약에 이어 1858년에는 미국을 비롯하여 영국 · 러시아 · 네덜란드 · 프랑스와 통상조약을 체결하였다. 이 조약은 칙허 없이 처리한 막부(幕府)의 독단적 조약이었기 때문에 반 막부세력(反幕府勢力)이 일어나 막부와 대립하는 격동을 겪었다. 그러다가 700여 년 내려오던 막부가 1866년 패배하였고, 1867년에는 대정봉환(大政奉還) · 왕정복고가 이루어졌다.

메이지 정부는 학제 · 징병령 · 지조개정(地租改正) 등 일련의 개혁을 추진하고, 부국강병의 기치를 내걸고 서양의 근대국가를 모델로, 국민의 실정을 고려하지 않는 정부주도의 일방적 자본주의 육성과 군사적 강화에 노력하여 새 시대를 열었다. 메이지유신으로 일본은 근대적 통일국가가 형성되었다. 경제적으로는 자본주의가 성립하였고, 정치적으로는 입헌정치가 개시되었으며, 사회 · 문화적으로는 근대화가 추진되었다. 또, 국제적으로는 제국주의 국가가 되어 천황제적 절대주의를 국가구조의 전 분야에 실현시키게 되었다.

전개 과정
분명히 당초 목표는 왕정복고를 하면서 막부를 타도하고 고메이 덴노를 중심으로 쇄국을 진행하자는 것이었다. 그런데 중간에 방향이 바뀌어 사쓰마의 코마츠 타테와키의 샤쵸 동맹 → 사토 맹약 → 사카모토 료마의 신정부 강령에 따라 도쿠가와 막부를 타도한 직후에 전면 개국의 변형된 방향이 되었다.

이유
정변을 주도한 것은 사츠마와 조슈 두 번으로 막부와의 합류를 원하여 잔류하고 있었던 사쓰마는 번 소속의 무사가 사소한 외교상 결례를 이유로 영국 상인을 살해한 것이 계기가 되어 사쓰에이 전쟁이 발발하였다. 그 이후로 반막부 세력(신정부군)과 영국 상인들 만으로의 무구(武具), 조선(造船) 통상을 시작하게 되었다.

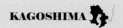

사쓰마와 다르게 조슈는 막부 토벌정신으로 일관하여 존왕양이 의식을 일으키고 1864년에는 아예 시모노세키를 항해하는 4개 국가의 양선(미국, 영국, 프랑스, 네덜란드)에 발포하기까지 했으나, 곧 열강의 보복으로 국력의 격차를 실감하고 개국만이 유일한 해결책임을 깨닫게 되었다.

전면 개항을 한 것은 사실 일본 막부 체제하에서 어느 정도 서양화가 이뤄졌지만, 화혼양재라는 명목 하에 그다지 큰 성과를 내지 못했다. 서양에 이와쿠라 토모미, 이토 히로부미 등 대규모 사절단을 파견하여 직접 견학하고 많은 것을 배워왔다. 이들은 전면 개방 외에는 답이 없다는 것으로 결론을 내리고, 폐번치현, 신분제 폐지, 국민개병제 등 전면적인 서양화에 착수했다. 구 체제 하에서 개방을 추진했던 청나라와 조선은 모두 개혁에 실패하였다. 그 후, 청나라는 반식민지 종속국이 되었고, 조선은 일본에 강제 합병을 당하였다.

물론 일본에서도 사가 번 → 히고(구마모토) 번 → 아키쓰키 번 → 조슈 번 순으로의 사족 반란이 들이닥쳤다. 그 이후로도 정한론 무산 결과와 산발탈도령(단발령+폐도령)에 항거한 사쓰마 번 무사들은 특권 계급의 지위를 유지하기 위해 사이고 다카모리를 중심으로 뭉쳤고, 이들이 일으킨 반란이 바로 서남전쟁(현재까지로의 일본 열도의 마지막 내전)이다.

메이지유신을 완성한 일본은 서양에 대한 굴욕적 태도와는 달리 아시아 여러 나라에 대해서는 강압적·침략적 태도를 취했다. 1894년의 청일전쟁 도발, 1904년의 러일전쟁의 도발은 그 대표적인 예이며, 그 다음 단계가 무력으로 조선(대한제국)을 병합한 것이다.

이러한 군국주의의 종말은 1937년에는 중일전쟁을 유발하였고, 1941년에는 미국의 진주만(眞珠灣)을 공격함으로써 태평양전쟁을 일으켜, 독일 이탈리아와 함께 제2차 세계대전에 참여하였다. 그 결과 1945년 히로시마(廣島)와 나가사키(長崎)에 역사상 최초의 원자폭탄이 투하되는 비극을 초래되었다.

덴몬칸, 시로야마 지역
天文館, しろやま

에도 시대에 사쓰마번의 25대 영주인 시마즈 시게히데가 이 근처에 천문 관측이나 달력을 연구하는 시설인 메이지칸(明治館)을 세우면서 시작되었다. 가고시마 최대의 번화가인 덴몬칸혼도리(天文館本通り), 이즈로도리(いづろ通り), 센니치도리(千日通り)의 3곳을 중심으로 상점이 모여 있는 아케이드 상가이다.

가고시마를 대표하는 서울의 명동 같은 곳이지만 2009년에 미쓰코시 백화점이 문을 닫으면서 쇼핑가의 명성을 잃어버렸다. 그 자리를 차지한 것은 술집과 바로 한밤에도 불야성을 이루고 있다. 잃어버린 쇼핑가의 명성은 가고시마 중앙역이 개발되면서 아뮤플라자가 얻게 되었다.

덴몬칸 핵심도보여행코스

자비엘 체류 기념비부터 시작해 덴몬칸을 지나 역사 문화의 길을 지나면서 자비엘 체류 기념비 → 중앙공원 → 현립박물관 → 데루쿠니신사 → 사이고다카모리 동상 → 시립미술관 → 쓰루마루 성터 → 레메칸 → 덴쇼인 상을 보고 시로야마 전망대를 올라가는 코스로 만들어 전망대에서 시내를 한눈에 본다.

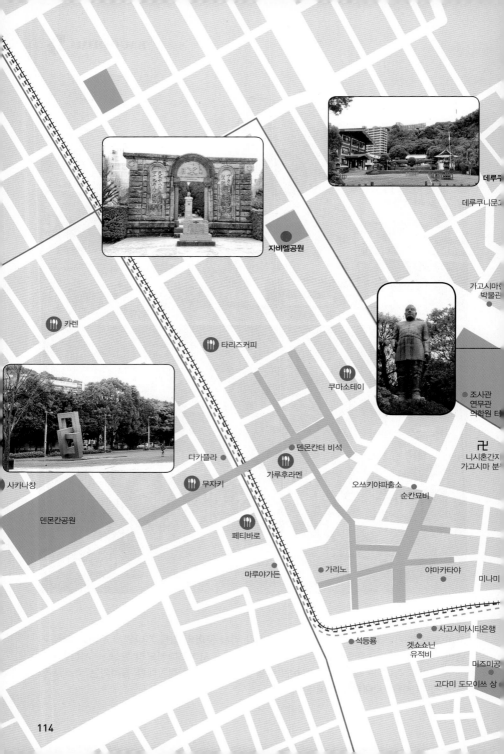

자비엘공원

데루쿠

데루쿠니문コ

가고시마ﾟ
박물관コ

카렌

타리즈커피

쿠마소테이

조사관
연무관
의학원 터

가고시마ﾟ
박물관

다카플라

덴몬칸터 비석

니시혼간지
가고시마 분ﾟ

사카나창

무자키

가루후라멘

오쓰키야파출소

순칸묘비

덴몬칸공원

페티바로

마루야가든

가리노

야마카타야

미나미

사고시마시티은행

석등룡

겟쇼쇼닌
유적비

미즈미공

고다미 도모이쓰 상

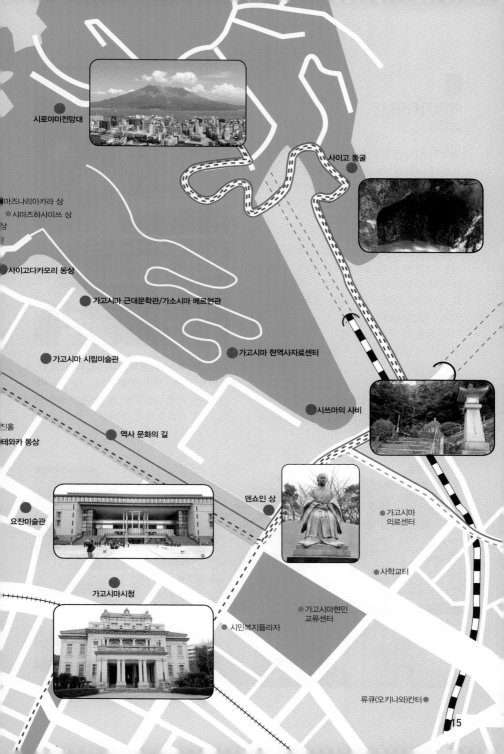

시로야마전망대

사이고 동굴

마즈나리아카라 상
시마즈하사미쓰 상

사이고다카모리 동상

가고시마 근대문학관/가소시마 메르현관

가고시마 현역사자료센터

가고시마 시립미술관

시쓰마의 샤비

역사 문화의 길

진홀
테와카 동상

덴쇼인 상

요잔미술관

가고시마
의료센터

사학교터

가고시마시청

가고시마현민
교류센터

시민복지플라자

류큐(오키나와)칸터

15

야마카타야
山形屋

메이지 시대인 1751년에 창업해 본격적인 백화점 사업을 하고 있는 백화점으로 미야자키에서 시작되었다. 일본의 백화점의 시작은 대부분 포목가게로 되었다는 사실을 입구에서 알 수 있다.

고베 서쪽 지역에서 일본의 대표적인 백화점 그룹인 다카시마야, 다이마루, 미츠코시와도 어깨를 나란히 하는 백화점으로 알려져 있다. 가고시마 덴몬칸에는 1917년 개점하였다.
중세 유럽의 건물 분위기가 나는 백화점 앞으로 노면 전차가 이동하고 있어 유럽 같은 느낌이다. 백화점은 여러 번의 증축을 거쳐 지금의 미로 같은 구조가 되었다고 한다. 단점은 영업 마감 시간이 19시 30분으로 이른 시간이라는 점이다.

지하 1층에는 식품매장이 1층의 명품관, 브랜드 의류, 특이하게 롯데리아가 있다. 2관에는 샤넬, 맥, 디올 등 브랜드 화장품과 가방, 잡화류를 판매한다.

찻집 베르그
喫茶　ベルグ

야마카타야 1관 2층에 있는 카페로 가장
인기가 있는 것은 원코인(ワンコイン) 메
뉴로 카레(カレー)와 하야시(ハヤシ) 라
이스 중에서 고를 수 있다.
500엔의 저렴한 가격에 커피까지 제공되
는 메뉴로 부담 없고 든든한 한 끼 식사
를 할 수 있어 점심시간에 직장인들이 식
사를 하러오기 때문에 항상 붐비는 장소
이다.

주소_ 鹿児島市 金生町 3-1 (1호관 2F)
위치_ 덴몬칸 전차 정류장에서 10분 정도 걸어서 이동
영업시간_ 10:00~19:00 (L.O18:00)
전화_ 099-227-6066

여유가 있는 공간
share with 쿠라하라 하루미
ゆとりの空間 share with 栗原はるみ

다양한 디저트
와 식사를 판매
하는 카페로 런
치와 디너 모두
식사 메뉴가 있
으며 세트 추가

로 디저트를 주문 할 수 있다. 케이크는
크림을 올리지 않은 파운드와 쉬폰 케익
등이 있으며 너무 달지 않고 소박한 맛이
장점이다.

주소_ 鹿児島市 金生町 3-1 (2호관 3F)
영업시간_ 낮 11:00~14:30
　　　　　저녁 17:30~19:30 (L.O19:00)
전화_ 099-227-6592

찻집 테라스 첼시
喫茶テラス チェルシー

야마카타야 2관
5층에 위치한
카페로 오므라
이스와 샌드위
치, 파르페 등의
메뉴를 판매하
고 있다. 간단하게 점심을 먹으려는 사람
들이 주로 찾고 있는데 각종 차를 같이
마시면서 여유를 즐기려는 사람들이 찾
고 있다.

주소_ 鹿児島市 金生町 3-1 (2호관 5F)
영업시간_ 10:00~19:00 (L.O18:00)
전화_ 099-227-6285

자비엘 체류 기념비
ザビエル公園

1549년 기독교 선교를 위해 가고시마를 방문한 스페인 출신의 선교사인 프란시스코 자비엘의 기념비는 공원에 있다. 메이지시대에 세워진 가톨릭 교회가 2차 세계대전 중 공습으로 인해 타 버린 것을 석벽에 다시 복원 한 것이다. 1999년에 자비엘, 야지로, 베르날드 등 3명의 동상이 함께 있다.

주소_ 鹿兒島市東千石町4-1

중앙공원
中央公園

덴몬칸 아케이드를 나와 좁은 도로를 가로지르면 커다란 공원이 나오는데, 호주 퍼스의 공원을 본따 만들었다. 시민들이 아침, 저녁으로 산책하는 한적한 공원이다.

역사 문화의 길
레이메이칸, 시립미술관, 현립 박물관 등이 줄지어 있는 쓰루마루 성터의 해자를 따라 걷는 코스로 봄부터 가을까지 꽃이 항상 만개해 있다. 가고시마의 역사를 알리기 위해 성터를 따라 각종 박물관이 늘어서도록 계획되었다.

주소_ 鹿兒島市東千石町10-1

사이고 다카모리 동상
西郷隆盛 銅像

육군 대장 제복을 입고 있는 사이고 다카모리의 동상의 모습은 8m에 이르는 커다란 동상이다. 이 동상부터 역사, 문화의 길이 시작된다. 일본 메이지 유신 시대의 정치가로 도쿠가와 막부 시대를 끝내고 천황 중심의 왕정복고를 성공시키는 절대적인 역할을 했다.

메이지 정부의 요직에 있었지만 정한론을 주창한 것이 받아들여지지 않자 관직에서 물러나 귀향하였다.

학교를 세우고 후진 양성에 전력하였지만 중앙정부와의 마찰로 1877년 세이난 전쟁을 일으켜 패하고 말았다.

결국 시로야마에서 자결하여 생을 마감하였다. 가고시마의 출생지부터 청년시대에 살았던 집터와 자결을 한 장소까지 사이고 다카모리의 생은 모든 연대에 걸쳐 가고시마에 조명되어 있다.

주소_ 鹿兒島市城山町4-36
전화_ 099-216-1327
(가고시마 관광과)

테루쿠니신사
照國神社

1864년 창건된 사츠마의 28대 번주 시마즈 나리아키라(島津錦齊彬)를 모신 신사이다. 재임 기간은 불과 7년이지만 서양 문명을 적극적으로 도입하여 일본 최초의 서양식 공장 슈세이칸을 짓고 공업을 발전시키는 등 근대 일본의 기초를 쌓았다. 그의 공적을 상징하는 높이 20m의 콘크리트제 도리이와 나무는 시내의 명물이기도 하다.

경내에는 나리아키라를 소개하는 테루쿠니 자료관(입장료 100￥)도 병설되어 있다. 역사 문화의 길은 테루쿠니 신사부터 시작하는 것이 박물관과 동상을 한 번에 볼 수 있어 효율적이다.

주소_ 鹿兒島市城山町 3
위치_ 덴몬칸 전차 정류장에서 10분 정도 걸어서 이동
요금_ 무료
전화_ 099-222-1820

쓰루마루 성터
鶴丸城

쓰루마루 성은 사츠마의 18대 성주였던 시마즈 아에히사(島津家久)가 1602년에 쌓은 성이다. '사람'으로 성을 이룬다'라는 신념하에 천수각을 짓지 않은 소박한 성으로 270년 동안 시마즈 집안의 거성이 되었다.

주소_ 鹿兒島市城山町 7
전화_ 099-216-1327

레이메이칸
黎明館

메이지 100년을 기념하여 지은 레이메이칸(黎明館)에는 가고시마의 역사를 4개의 테마로 나누어 전시와 모형으로 소개하고 있다.

덴쇼인 상

이마이즈미 시마즈 가문에서 태어나 에도막부의 제 13대 장군인 도쿠가와 이에사다의 정부인이 되어 도쿠가와 가문을 위해 힘쓴 여성이다. 나카무라 신야의 작품으로 레이메이칸 안의 앞에 세워져 있지만 찾기가 힘들다.

주소_ 鹿兒島市城山町 7-1
관람시간_ 09시~17시
휴무요일_ 휴일 · 월요일(공휴일에는 다음날 휴무).
　　　　매월 25일 휴무
입장료_ 300￥
전화_ 099-222-5100

가고시마 근대 문학관
かごしま近代文学館

가고시마 메르헨관
かごしまメルヘン館

문학관에서 간온지 쵸고로(海音寺湖五郎), 무쿠하토쥬(椋鳩十), 하야시 후미코(林芙美子) 무코다 구니코(向田邦子) 등 가고시마와 인연이 있는 작가와 가고시마를 무대로 한 작품을 소개하고 있다. 자칫 원고와 작가가 사용하던 애장품 등도 전시되어 있다. 메르헨관에는 동화 주인공인형으로 동화의 세계를 연출하였다.

주소_ 鹿兒島市城山町 9

위치_ 아사히도리 전차 정류장에서 걸어서
　　　10분 정도 이동

관람시간_ 09시 30분~18시

휴무요일_ 화요일(공유일 경우에는 다음날)

입장료_ 300￥

전화_ 099-226-7771

가고시마 시립 미술관
鹿児島市立美術館

16세기 때의 도자기와 목판화를 비롯해 작은 지역 작품을 전시하고 있다. 사쿠라지마 회화가 독특한 작품세계를 뽐내고 있다.

주소_ 鹿兒島市城山町 11

위치_ 아사히도리 전차 정류장에서 걸어서
　　　10분 정도 이동

관람시간_ 08시 30분~18시(11/1~3/15 17시30분)

입장료_ 200￥

전화_ 099-247-1511

가고시마 시립 미술관(鹿児島市立美術館)

중앙공민관
中央公民館

일본의 사회교육을 하는 대표적인 시설이다. 주민 스스로 기획을 해 강좌를 운영하거나 문화 활동을 할 수 있게 장소를 제공하는 역할 등을 담당하고 있다.

주소_ 鹿兒島市城山町 8

호잔홀
ホザンホル

가고시마의 문화예술이 열리는 장소로 중앙공민관 옆에 있어 접근성이 좋아 시민들의 참석률이 높다.
문화와 체육 시설이 한데 모인 곳으로 중앙공원과도 가까워 여름이면 저녁까지 시민들로 북적인다.

고마쓰 다테와키 동상

호잔홀 바로 앞에 있다. 고마쓰 다테와키는 도쿠가와 가문을 살려내려고 한 인물로 사쓰마의 중신으로 메이지유신을 저지하려는 세력이었다. 사이고 다카모리와 대립각을 세운 인물이다.

주소_ 鹿兒島市城山町 8-1

사쓰마 의사비

이곳부터 시로야마 전망대를 오르는 길이 시작된다. 에도막부에서 제방축조 공사에 희생된 사쓰마 번 무사들의 명복을 빌기 위해 만든 사적으로 당시에 공사의 지위를 맡은 가신 히라타 유키에를 비롯해 의사들의 업적을 기리고 있다.
기후현 오가키시, 가이즈시, 하시마시 등 사쓰마 의사들의 연관 지역과도 교류를 하고 있다.

사이고동굴
西郷洞窟

세이난 전쟁의 최후 공격을 받은 사이고 다카모리가 기리노 도시아키를 비롯한 학교 간부들과 함께 정복될 때까지 최후의 5일간을 지낸 동굴이다. 실제로 가보면 못보고 지나칠 정도로 작다.

시로야마
城山

107m의 약간 높은 언덕으로 남북조시대 시기에는 성이 있었다. 세이난 전쟁의 격전지였으며 중턱에는 사이고 다카모리가 생을 마감한 동굴이 있다. 시내의 거의 중심에 위치해 있고 전망대에서 내려다보는 경치가 아름답다.

위치_ 시야쿠쇼마 전차 정류장에서 걸어서 15분소요
전화_ 099-216-1327

사이고다카모리 임종지
西郷隆盛

사이고 다카모리가 죽은 장소까지 남겨 놓은 것을 보면, 그가 가고시마에서 차지하는 비중이 어느 정도인지 알 수 있다. 임종지까지 가는 길은 쉽게 찾을 수 없다.
사쓰마의 비에서 횡단보도를 건너 2차선의 길을 올라가면 간판이 하나 보이고 왼쪽으로 골목길이 나온다. 이 길을 따라가야 한다. 골목길을 나오면 기차길이 나오는데 내려가서 왼쪽으로 기차길을 건너면 사이고다카모리(西郷隆盛)의 임종지가 나온다.

가고시마 쇼핑 포인트

일본에서 쇼핑을 하려면 이온몰과 돈키호테는 꼭 들르는 쇼핑장소이다. 두 곳의 가격을 비교해 쇼핑을 하는 것이 저렴하게 구입할 수 있다.

1. 마트, 드럭스토어 아이템

가고시마에서 쇼핑을 하려면 이온몰과 돈키호테는 꼭 들러야하는 장소이다. 두 곳의 가격을 비교해 쇼핑을 하면 보다 저렴하게 물건을 구입 할 수 있다.

이온(Aeon)

이온몰은 쇼이온몰은 상당히 큰 규모로 넓은 장소에서 쇼핑이 가능하다. 이온몰은 상당히 큰 곳에 넓은 장소에서 쇼핑이 가능하다. 카베진같은 소품은 가격차이가 없지만 화장품은 대부분 돈키호테가 저렴하기 때문에 시간을 구분해 쇼핑을 하는 것이 좋다.

돈키호테(ドンキホーテ)

24시간 오픈하는 드럭스토어로 일본에서 쇼핑을 한다면 반드시 알아야 할 장소이다.
5000엔 이상 구매 시 면세 혜택을 받을 수 있으며, 여행사 SNS 친구추가나 통신사 혜택 이용 시 할인쿠폰으로 추가 할인도 받을 수 있다. 늦은 오후~ 저녁 시간대는 쇼핑하러 온 관광객으로 북적이기 때문에 이른 아침이나 한밤에 방문 하는 것이 좋다.

편의점

로손 Lawson
일본의 2번째로 큰 편의점으로 카페 스위츠의 디저트 브랜드인 '우치'가 인기가 많다. 모찌롤이 녹차, 초콜릿 맛으로 마니아층을 가지고 있다.

세븐일레븐 7-Eleven
일본에서 가장 큰 편의점으로 베이커리부분의 옥수수빵이 마니아층을 가지고 있다.

2. 쇼핑몰, 백화점

일본 제품이나 해외 유명 브랜드의 경우 한국에 매장이 있다 해도 일본에서 사는 것이 조금 더 싸다. 유니클로, 무인양품 등 저가 브랜드는 물론이고, 명품도 합리적인 가격에 구매할 수 있어 구입 계획이 있다면 시간을 내서 방문 하는 것이 좋다.

아뮤플라자(アミュプラザ)

추오역과 연결 되어있는 복합쇼핑몰로 무인양품, 유니클로, DHC, 러쉬, GAP 등 다양한 잡화점과 중저가 브랜드들이 입점해 있다. 6층에는 대관람차, 지하 1층과 5층에는 식당이 모여 있어 쇼핑, 식사, 레저를 한 번에 해결 할 수 있는 장소이다.

야마카타야(山形屋)

1917년 개점한 백화점으로 여러 번의 증축을 거쳐 지금의 미로 같은 구조가 되었다. 영업 마감 시간이 19:30분으로 비교적 이른 시간에 닫는다.

1~4관, 구루메관으로 이루어져 있으며 1관에는 루이비통, 티파니, 롤렉스 등의 명품 매장과 브랜드 의류, 2관에는 샤넬, 맥, 디올 등 브랜드 화장품과 가방, 잡화류를 판매한다.

3. 잡화

개성적인 소품이나, 부담 없이 선물하기 좋은 기념품을 찾고 있다면 잡화점을 찾아보자.
가고시마에는 여러 잡화 브랜드와 100엔샵이 즐비해 있어 구경하는 재미가 있다.

3COINS+plus
아뮤플라자 1층에 위치한 잡화점으로 모든 제품을 300엔
(세금 별도)에 판매한다.

Franc&franc
아뮤플라자 4층에 위치한 인테리어 잡화점으로 주방용품
을 주로 판매한다.

TOKYU HANDS
아뮤플라자 프리미엄관 4~6층에 위치한 잡화점으로 가격
대는 조금 높은 편이나 개성적인 소품이 많다.

100YEN SHOP meets.(ミーツ天文館)
덴몬칸 상점가에 위치한 100엔 샵이며 가게가 작은 편이다.

주소_ 100YEN SHOP meets.(ミーツ天文館)

DAISO
덴몬칸 상점가와 야마카타야 근처, 300m 간격으로 2개의
매장이 있다. 야마카타야 근처에 있는 다이소가 물건이 더
많다.

주소_ 鹿児島市 東千石町 14-3(덴몬칸점) / 鹿児島市 中町 6-7(이즈로점)

LOFT
노면전차역 이즈로도리역 부근에 위치한 잡화점으로 다양
하고 독창적인 소품을 판매한다.

주소_ 鹿児島市 呉服町 6-5 (3F)

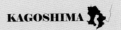

4. 애니메이션, 캐릭터 상품

귀여운 캐릭터, 애니메이션 관련 상품을 찾고 있다면 방문해 보자.

빅카메라(Bic Camera)
추오역 1층에 위치한 가전용품점으로 캐릭터 관련 상품을 판매하지는 않지만 가게 한편에 가챠(뽑기)가 여러 대 있다.

포켓몬 스토어(PoKeMoN sToRe)
아뮤플라자 4층에 위치한 애니메이션 '포켓몬 스터'의 캐릭터 상점으로 인형, 쿠션, 옷 등 다양한 상품을 판매한다.

타이토 스테이션(TAITO STATION)
아뮤플라자 6층에 있는 게임센터로 애니메이션 관련 경품이 들어있는 크레인 게임이나 가챠 등이 있다.

애니메이트(animate)
노면전차 덴몬칸도리역 부근에 위치한 다양한 애니메이션 관련 상품과 서적, 가챠 등을 판매한다.

마트 아이템

곤약젤리

곤약을 사용한 젤리로 일본 인기 NO.1 젤리이다. 마트마다 조금씩 가격이 다르기 때문에 가격을 확인하고 구입하자. 컵 형이 반입 금지가 되서 지금은 파우치 형만 반입이 가능하다.

킷캣 녹차

바삭바삭한 크런키가 들어있는 스틱타입의 초콜릿으로 가장 인기가 있는 맛은 녹차이다. 가을(할로윈) 한정으로 고구마, 푸딩 등의 맛이나 일본주, 와인 등의 맛도 판매한다.

인절미 과자

인절미 맛이 나는 과자로 아이들이 좋아한다. 부피가 조금 크기도 하지만 한번 빠지면 헤어나올 수 없는 맛이다.

호로요이

도수 3도의 과일 알콜 음료로 적당한 단맛에 복숭아, 레몬, 청포도, 자두 등 다양한 맛을 판매한다.

UFO 라면

간편하게 즐기는 일본의 인기 컵라면이다. 쫄깃한 면발과 생생한 채소의 식감을 즐길 수 있다.

키리모찌

구워먹는 가래떡으로 쫄깃하게 늘어나는 식감이 일품이다.

시세이도 퍼펙트 휩(Perfect Whip)

부드럽고 풍성한 거품이 나는 클렌징 폼으로 맨얼굴과, 클렌징용이 따로 있다.

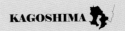

드러그 스토어 아이템

휴족시간(休足時間)
다리에 피로가 느껴질 때 사용하면 좋다. 여행을 마치고 숙소에 돌아와 붙이면 다리의 피로가 절로 풀린다.

동전파스(ROIHI-TSUBOKO)
동전모양으로 생긴 파스로 아픈 부위에 붙이면 즉시 열이 난다. 부모님께 사드리는 효도선물 중의 하나이다.

사카무케아(サカムケア)
상처에 바르는 액체 반창고로 베인 부분과 갈라진 부위에 발라주는 메니큐어 형태의 반창고인데 방수가 된다는 점이 특징이다.

오타이산(太田胃散)
일본의 국민 소화제로 불리우는 가루형태의 소화제로 과식, 속쓰림 증상에 1회분씩 포장된 제품을 복용하면 된다.

샤론파스(サロンパス)
일본의 국민파스로 명함정도의 크기에 140매 정도가 들어있다. 작은 지퍼백이 있어 휴대가 간편하다.

호빵맨 모기패치(ムヒパッチ)
여름철 여행에 필수 아이템으로 모기에 물린 부위에 붙이면 간지러움이 사라지고 부기도 가라앉아 아이들에게 특히 유용하다.

카베진(キャベジン)
일본의 국민 위장약으로 양배추 성분으로 위를 튼튼하게 하면서 소화를 도와준다. 한국에서도 판매되는 캬베진S는 일본에선 단종된 제품으로, 일본에서는 성분 함유량이 더 많은 A(알파)를 판매한다.

메구리즘(めぐリズム)
눈의 회복을 돕는 온열 마스크로 하루의 눈 피로를 풀기에 좋은 인기 아이템이다.

고수의 쇼핑 잘하기

1. 한국에도 판매한다며 쇼핑을 하다가 가격이 비싼가를 고민한다면 그냥 돌아와서 속이 쓰릴 수도 있다. 요즘 같이 글로벌 한 시대에 일본에서 본 상품은 한국에서도 대부분 구입할 수 있다. 하지만 가격은 2배 이상은 차이가 날 것이므로 너무 비싸지 않은 상품은 그냥 구입하는 것이 낫다.

2. 가고시마를 여행하기 전에 대략적인 쇼핑 리스트는 블로그에서 찾아서 오는 게 바람직하다. 너무 많은 리스트는 필요 없지만 필요한 상품은 알고 온다면 알뜰한 쇼핑이 가능하다. 이것저것 같이 여행 온 사람들이 산다고 사지 않는 것이 좋다. 그렇게 많이 사가도 대부분이 쓸모없이 남아있어 결국 비싼 돈 주고 제 값을 못하는 상황이 된다.

3. 똑같은 일본상품을 어디서 사느냐에 따라 가격이 다르다. 한 가지 상품 아이템을 대량 구매할 생각이라면 돈키호테와 이온몰, 여러 드럭스토어를 돌아다니며 가격을 비교한 후에 사는 것이 좋다. 하지만 대부분은 많이 살 게 아니라면 굳이 시간과 발품을 팔아가며 비교한 후에 사기보다 가까운 마트나 면세점에서 구입하는 것이 낫다.

4. 부모님 선물은 동전파스만한 것이 없다. 혈자리에 붙이기만 해도 피로가 풀리기 때문에 어르신용 선물로 좋다. 여행 중 힘든 당신의 다리를 풀어주는 제품은 휴족시간이 매우 좋은 효과를 낸다.

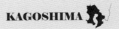

About 스시(すし)

일본의 스시(すし)는 현재 세계적인 고급음식으로 평가받고 있다. 소금, 식초, 설탕을 가지고 밥에 간을 하고 얇게 자른 생선, 김, 계란 등을 얹어서 손으로 누르면 만들어진다. 우리는 초밥이라고 부르는 일본의 스시(すし), 본고장에서 먹는 스시도 알고 먹으면 더 맛있어진다.

연어(さけ)

정어리(いわし)

광어(ひらめ)

도미(たい)

장어(うなぎ)

문어(たこ)

연어알(いくら)

성게알(うに)

참치(マグロ)

131

가고시마의 명물 & 특산품

매일 아침 역 앞을 지나가는 아사이치, 직접 만든 소주와 명주천 등 예로부터 가고시마에
전해오는 전통과 이를 지켜오는 사람들을 만날 수 있다.

소주

가고시마의 특산품인 고구마를 원료로 만든 소주로 얼
음을 넣거나 뜨겁거나 찬물로 섞어서 마신다. 아마미 군
도에서는 사탕수수로 만든 흑설탕을 원료로 한 소주로
있다고 한다.

쓰보바타케 | 壺畑

사카모토 양조로 긴코만 바닷가에 자리한 후쿠야마 지
방의 흑식초이다. 흑식초의 제조방법과 옛 모습 그대로
견학을 할 수 있고 시음과 제품도 구입할 수 있다.

흑소, 흑돼지
가고시마현은 축산업으로 유명한데 가고시마에 간 관광객이 가장 많이 찾는 것이 흑돼지제품이다. 제주도의 흑돼지가 유명한 것처럼 흑소와 흑돼지는 가고시마의 고유브랜드로 지정되어 다른 곳에서는 찾아볼 수 없다.

돈코쓰
돼지갈비를 생강, 흑설탕, 무, 곤약 등의 재료와 된장을 넣어 2~3시간을 끓인 돼지뼈 요리로 가고시마 중앙역 니시긴자 거리 입구에서 맛볼 수 있다.

사쓰마아게 어묵
사쓰마아게 어묵– 신선한 생선을 원료로 두부와 소주를 섞어 튀겨낸 가고시마의 어묵은 다른 지역의 맛과는 다른 새로운 맛이 난다.

기비나고
멸치과에 속하는 길이 7~8m의 기비나고는 따뜻한 바다에 사는데 특히 가고시마 근해에서 많이 잡힌다. 등뼈를 떼어내고 회로 된장이나 간장에 찍어 먹거나 튀겨서 먹는데 초고추장에 찍어 먹어도 맛있다.

사쓰마 기리코
청, 홍, 남, 녹, 자색의 유리공예로 에도시대부터 제작되기 시작하였지만 오래시간 중단 상태에 있었다. 120년의 중단을 극복하고 가고시마의 고유 기술의 공예로 부활해 직접 체험할 수 있기도 하다.

야쿠스기
야쿠시마의 삼나무는 오래 전부터 지붕이나 벽에 사용되어 왔지만 지금은 벌채가 금지되어 장식용 항아리, 선반, 테이블 등의 공예품으로 만들어지고 있다. 표면의 작은 나뭇결과 광택, 향기를 살리는 기술이 필요하다.

사쓰마야키 도자기
임진왜란을 통해 전래된 400년의 역사를 자랑하는 가고시마의 도자기는 흑색과 백색으로 분류된다. 소박하면서 중후하고 멋진 무늬가 특징인데 포르투갈을 통해 유럽으로 판매되면서 일본을 알리는 계기가 되었다.

가고시마의 야경

고쓰키 강변

가고시마 시내에서 야경의
명소는 단연 고쓰키 강변이
다. 일본을 대표하는 조명
디자이너인 '이시이모토코'
가 디자인을 해 밤에도 걸으
며 도시를 느낄 수 있는 기
회를 가지게 해주었다.

가고시마 관광버스 '시티뷰'로 야경 즐기기

가고시마 시내의 야경을 즐길 수 있는 시티뷰 야경코스가 있다. 버스에서 창밖의 야경을 여유롭게 바
로보는 것도 좋은 여행의 추억이 될 수 있다.

EATING

덴몬칸 무쟈키
天文館むじゃき

가고시마의 빙수 체인점으로 우리나라의
설빙과 비슷한 곳이다.
주 메뉴는 시로쿠마(白熊)로 둥근 그릇에
담은 빙수 위에 연유를 붓고, 단팥, 체리,
귤 등의 과일을 얹어 나온다. 이 모양을
위에서 보면 마치 흰 곰의 얼굴처럼 보인
다고 해서 백곰(시로쿠마)의 이름이 유래
되었다. 얼음의 입자가 굵지만 입에 넣으
면 생각보다 딱딱하게 느껴지지는 않는
다. 단 맛이 강해 호불호가 갈리는 편이다.

홈페이지_ http://mujyaki.co.jp
주소_ 鹿児島県鹿児島市千日町 5-8
영업시간_ 11:00~22:00
전화_ 099-224-6718

아지모리
あぢもり

가고시마에는 흑돼지 전문점을 표방하고
운영하는 식당이 정말 많다. 이곳은 그 많
은 흑돼지 샤브샤브 전문점에서 고급스
러운 음식점으로 통한다.
샤브샤브도 맛있지만 돈가스와 개인적으
로 흑돼지 히레가츠와 고로케가 압권이
다. 홈페이지에서 매달 휴일이나 특별한
사항들을 공지하고 있다.

주소_ 鹿児島市千日町 13-21
위치_ 가고시마노선전차 덴몬칸 역 하차
　　　 G3게이트 5분
영업시간_ 점심 11:30~14:30 – (입장 ~13:00/
라스트오더 ~13:30/돈까스 ~14:15)
저녁 17:00~21:30 (입장 ~20:00/라스트오더
~20:30)　정기휴일 수요일
전화_ 099-224-7634

쿠마소테이
熊襲亭

1966년에 문을 연 흑돼지 샤브샤브 맛집이다. 입구에 들어서면 커다란 바위가 자리 잡고 있는데, 이 가게가 오랜 역사를 가진 집임을 알리는 것이다.
샤브샤브, 흑돼지뿐만 아니라 기비나고 멸치 생선회가 유명하다. 점심 쿠마코스를 저렴한 1,500¥에 먹을 수 있어 인기가 있다.

위치_ 덴몬칸 도리에서 도보 5분
영업시간_ 11:00~14:00시, 17:00~22:00시
　　　　　(연중무휴 운영 / 연말연시만 휴무)
요금_ 기비나고 650¥~, 사츠마아게 800¥~
　　　　소고기 스테이크 3000¥,
　　　　소고기 샤브샤브 3000¥

카렌
華蓮

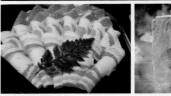

넓은 공간이 인상적인 레스토랑으로 돼지고기와 쇠고기 샤브샤브, 와인을 같이 먹을 수 있다. 고기와 야채를 찜으로 한 '세이로 무시'라는 샤브샤브를 판매하며 입안에서 녹는 맛이 일품인 가고시마 최고의 샤브샤브 전문점이다.

홈페이지_ http://www.karen-ja.com/foreign/kor
주소_ 鹿児島県 鹿児島市 山之口町 3-12
영업시간_ 오전 11:30~오후 2:00(LO 1:30),
　　　　　오후 5:30~오후 11:00(LO 10:00)
　　　　　※단, 일, 공휴일은 오후 10:00 폐점(LO 9:00)
전화_ 099-223-8877

가루후 라멘
鹿児島 我流風ら～めん

후쿠오카, 구마모토, 가고시마의 라멘은 규슈 3대 라멘이라 불릴 정도로 유명하다. 돼지뼈를 사용해 뽀얀 국물을 내는 것이 특징이나 가고시마는 돼지뼈에 닭뼈를 함께 넣어 삶고, 일반 면 보다 얇은 면을 사용하는 등의 차이가 있다. 이 가고시마 라멘의 맛을 가장 잘 살린 곳이 바로 가루후 라멘으로 소금물을 사용하지 않고 간을 맞춘 국물은 가고시마 시민의 자존심이라고 할 정도이다.

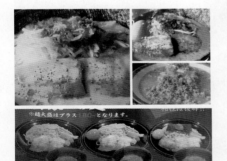

주소_ 鹿児島県鹿児島市東千石町 14-3
オークルビル1F
위치_ 덴몬칸도리(天文館通り)역에서 도보 1분
JR 가고시마중앙역에서 도보 8분
영업시간_ 월～토 11:00～23:00,
일 11:00～22:00(연중무휴)
전화_ 099-227-7588

돈토로 라멘
Tontoro ら～めん

진한 돈코츠 국물을 마시면 추위가 녹을 정도로 돼지뼈의 국물이 가슴 속을 녹여준다. 가격도 600¥부터 시작해 관광객의 부담을 덜어준다. 오래된 라멘집의 위용이 느껴져 한끼 식사로 손색이 없다.

주소_ 鹿児島県鹿児島市東千石町 9-41
영업시간_ 11:00～21:00
전화_ 099-222-5857

라멘 센몬노리이치
ら～めん専門のりー

덴몬칸 뒤쪽의 입구에 있는 라멘 전문점으로 가고시마 시민들의 사랑을 받고 있다. 전문 라멘이라기보다 콩나물 국이라고 볼

수도 있지만 국물은 라멘이라고 알려준다. 관광객이 적어 찾아가지는 않고 있다.

주소_ 鹿児島県鹿児島市東千石町 9-3
전화_ 099-222-4497

이치니상 덴몬칸점
いちにいさん

덴몬칸을 지나다 보면 자연스럽게 규모가 큰 식당으로 눈이 가게 된다.

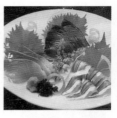

이치니상은 가고시마 시내에 여러 점포가 있는 가게로 가고시마산 흑돼지를 사용한 샤브샤브가 인기이며 가격대는 꽤 높은 편이다.

주소_ 鹿児島県鹿児島市東千石町11-6 2,3F
전화_ 099-225-2123

유쇼쿠톤사이 123상

🍴 와카나
吾愛人

덴몬칸 뒤쪽에 있는 샤브샤브 전문점으로 가고시마 시내 곳곳에서 볼 수 있는 체인점이다. 맛있지만 가격이 저렴한 편은 아니다. 국물이 매우 진한 편이다.

주소_ 鹿児島県鹿児島市東千石町 12-21
　　　 Asahi B 1F
요금_ 샤브샤브 1,700¥~
전화_ 099-225-7070

🍴 아지노 돈카츠 마루이치
丸一

덴몬칸의 호텔 앞에 있는 유명 돈가스 전문점으로 고기가 두툼한 것은 물론이고 고기의 식감이 입안에 그대로 전해진다. 주인이 직접 와서 먹는 방법을 소개시켜주기 때문에 더욱 신뢰가 간다.
역시 가고시마의 흑돼지 돈가스가 인기 메뉴이며 점심시간에 가면 할인이 되어 저렴하게 먹을 수 있다.

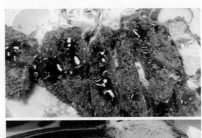

주소_ 鹿児島県 鹿児島市 山之口町 B1 1-10
　　　 야마노구치초
요금_ 로스가스 정식 1,600¥
전화_ 099-226-3351

키카쿠 스시
喜鶴寿司

매장 입구부터 스시 모형이 있어 먹고 싶은 마음을 놓지 못하게 만든다. 세 점씩 나오는 스시 세트와 연어 등의 신선한 해산물을 사용한 덮밥도 군침이 나오도록 만든다. 생선뼈를 간장으로 졸여 뼈를 발라낸 아라다키(あらだき)는 간장 맛이 일품이다.

주소_ 鹿児島県鹿児島市東千石町3-29
영업시간_ 11:30~22:00 (주문 마감 21:30)
　　　　일요일 · 공휴일은 21:00까지
　　　　※평일 14:30~17:00는 CLOSE
　　　　런치 11:30~15:00
　　　　정기 휴무일 매주 수요일 (공휴일 제외)
전화_ 099-223-3338

앤드류 에그타르트
アンドリュ-のEgg Tart

유명한 포루투갈의 에그타르트 맛을 일본에서 재현한 가게이다. 달걀흰자로 거품을 내 가벼운 식감이 감도는 한 편, 타르트 속 에그필링이 푸딩같이 부드럽고 촉촉한 맛을 낸다. 에그타르트는 커피와 어울리는 디저트로 달달한 타르트와 씁쓸한 커피의 조합이 좋다.

홈페이지_ www.eggtart-satsuma.jp
주소_ 鹿児島市東千石町18-1
영업시간_ 11:00~21:00
전화_ 099-295-3306

호라쿠 만쥬
蜂楽饅頭

덴몬칸 공원 근처에 있는 만쥬 가게이다. 팥앙금과 백옥앙금 2종류의 만쥬를 판매한다. 촉촉하고 부드러운 만쥬 안에 달달한 앙금이 가득 들어있다.

주소_ 鹿児島市 千日町 5-3
영업시간_ 10:00–19:00(화요일 휴무)
전화_ 099–222–6904

Favori
蜂楽饅頭

덴몬칸 상점가에 위치한 빵집으로 모든 빵을 100엔(세금 포함 108엔)이란 저렴한 가격에 판매한다. 종류가 많은 것은 물론, 맛 또한 만족스럽다. 계산 후 먹고 갈 수 있는 공간이 있으며 커피도 무료로 제공된다. (자리가 협소한 편)

주소_ 鹿児島市 中町 2-2-9
영업시간_ 8:30~19:30
전화_ 099–239–4555

Favori

가고시마 거리에 있는 대표적인 동상들

오쿠보 도시미치(大久保利通銅像)
오쿠보 도시미치는 에도 시대부터 메이지 시대에 활동한 정치가이다. 사쓰마 번 출신으로 존왕양이 운동에 투신해 번주의 신뢰를 얻으며 번 대표로 활동했다. 메이지 유신 후에는 늘 정부의 중심에서 국민국가의 체제 확립에 힘썼다. 폐번치현 이후 이와쿠라 사절단의 일행으로 유럽을 시찰하고 돌아왔고, 정한론을 둘러싼 정변이 일어났을 때 내치우선론을 주장했다. 이후 내무경을 겸임하는 등 정부의 중심인물이자 최고 권력자로 메이지 국가 건설을 주도했으나, 1877년 암살당했다.

영국함대, 가고시마에 나타나다
영국인 사상사를 낸 나마무기 사건을 해결하기 위하여 다음해인 1863년에 영국이 사쓰마로 7척의 함대를 파견하였다. 이것이 사쓰에이 전쟁의 시작이었다. 입항의 알림을 듣고 오야마 이와오(大山 巖), 사이고 주도(西鄕従道), 야마모토 곤노효(山本権兵衛)에도 서둘러 항구로 향했다.

가바야마, 구로다, 일본의 미래를 말하다
1858년 막부의 다이로(大老)로 이이 나오스케가 취임하여 사쓰마 번주인 시마즈 나리아키라를 포함한 히토쓰바시파와 장군 후계자 문제로 격렬하게 대립하였다. 가바야마 스케노리(樺山資紀)와 구로다 기요다카(黒田清隆) 등 많은 사쓰마의 젊은이들이 번과 일본의 미래에 대하여 논하였다.

구로다 세이키(黒田清輝), 사쿠라지마의 대분화를 그리다
1914년 가고시마에 머무르고 있던 구로다 세이키는 사쿠라지마의 대분화를 우연히 보게 된다. 창작 의욕을 자극받은 구로다는 분화하는 사쿠라지마를 스케치하기 위해 제자와 함께 항구로 향했고, 이 폭발을 주제로 그림을 그렸다. 그림은 현재 가고시마 시립미술관에 수장되어 있다.

이지치, 요시이 정변에 대해 말하다

막부와 개혁파의 패권 다툼 속에 1860년에 일어난 '사쿠라다 문 밖의 변'으로 이이 나오스케는 암살당하고 막부의 세력은 약해져갔다. 이곳 사쓰마에서도 이지치 마사하루(伊地知正治), 요시이 도모자네(吉井友実), 오쿠보 도시미치(大久保利通) 등의 인물이 이 정변을 둘러싸고 여러가지 토론을 펼쳤다.

시게히데, 사쓰마의 과학기술의 기초를 세우다
(위치 : 덴몬칸 아케이드 안)

1779년 시마즈가 제 25대 당주 시마즈 시게히데는 천문대인 덴몬칸을 설치하여 사쓰마의 달력을 작성하였다. 시게히데는 몸소 가신들과 함께 천문에 대해 이야기를 나누었으며, 덴몬칸 이외에도 번교 조시칸과 의학원 등을 창설하였다. 그 선진성은 제 28대 당주 나리아키라로 계승되어 메이지 유신의 기초를 세웠다.

사이고 다카모리 | 西郷隆盛銅像

우에노공원 입구에 세워진 일본 메이지유신 일등 공신인 사이고 다카모리의 동상이다. 사이고는 정한론(征韓論)을 주장하며 반대파와 전쟁을 벌였으나 패배하여 실각한 후 자살하고 말았다. 가고시마에서 사이고 다카모리의 영향력은 절대적이다. 사이고 다카모리를 캐릭터화하여 각종 관광 상품에도 적극 활용하고 있다.

윌리스 다카키에게 서양의학을 전하다

에도 주재의 의사 윌리엄 윌리스(William Willis)는 1869년 사쓰마 번으로 초빙되어 의학원 교장이 되었으며 아카쿠라 병원을 창설하였다. 영국식 근대 의학 교육을 실시하여 서일본 의학의 중심이 되었다. 도쿄 지케이카이 의대를 창설한 다카키 가네히로도 이곳에서 연수하였다.

단쇼엔 시마즈 동상 3

워터프런트

종 별	기 간	문의처	전 화
순환 크루즈	연중	가고시마본항 승선매표소	099-223-7271
사쿠라지마페리 납량관광선	여름 (8월 13,14,15일 제외)	가고시마시 선박국	099-293-2525
긴코만매력재발견크루즈	봄철, 가을철/일요일	가고시마시 선박국	099-293-2525
긴코만 서머나이트 크루징	여름	오리타기선	099-226-0731
범선형유람선 퀸즈시로야마	연중	시로야마스토어 선박부	099-213-0004
가고시마베이크루즈	연중	Cafe 초온칸	099-478-1203

이소 간마치 지역

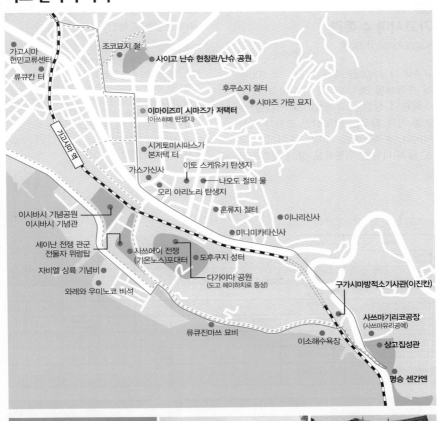

가고시마
현민교류센터

류큐칸 터

조코묘지 절

사이고 난슈 현창관/난슈 공원

후쿠쇼지 절터

시마즈 가문 묘지

이마이즈미 시마즈가 저택터
(아쓰히메 탄생지)

가진시마 역

시게토미시마스가
본저택 터

가스가신사

이토 스케유키 탄생지

나오도 절의 물

모리 아리노리 탄생지

혼류지 절터

이나리신사

미나미카타신사

이시바시 기념공원
이시바시 기념관

세이난 전쟁 관군
전몰자 위령탑

사쓰에이 전쟁
(기온노스)포대터

도후쿠지 성터

자비엘 상륙 기념비

다가야마 공원
(도고 헤이하치로 동상)

와레와 우미노코 비석

구가시마방적소기사관(이진칸)

사쓰마기리코공장
(사쓰마유리공예)

류큐진마쓰 묘비

이소해수욕장

상고집성관

명승 센간엔

이시바시 기념공원

상고집성관

가고시마 방적소

자비엘 상륙 기념비

헤이하치로 동상

센간엔

가고시마 수족관
Kagoshima 水族館

규슈에서 가장 큰 수족관으로 약 500종의 해양생물 3만 마리를 전시하고 있다. 수족관의 상징은 고래상어로 커다란 수조를 가득 채우는 압도적인 크기가 인상적이다. 수족관에는 가이드 투어, 돌고래 쇼 등의 다양한 이벤트도 상시 개최하고 있어 볼거리가 많다. 건물 내에는 기념품점과 레스토랑도 있어 휴일에는 가족단위의 손님들로 붐빈다.

홈페이지_ http://ioworld.jp/korea
주소_ 鹿児島市 本港新町 3-1
영업시간_ 9:30~18:00 / 입장마감은 17:00까지
※골든위크, 여름방학 기간 중(토, 일, 공휴일), 오봉, 크리스마스 등에는 21:00까지 여는 '한밤의 수족관'을 개최
요금_ 성인 1,500¥ / 초, 중학생 750¥
　　　　유아(4세 이상) 350¥
전화_ 099-226-2233

수족관의 내의 이벤트 안내

이벤트		장소	시간 10:00	11:00	12:00	13:00	14:00	15:00	16:00	17:00
돌고래의 시간(약 20분) 돌고래의 능력·신체구성의 소개		돌고래 풀	●10:30~	●11:00~	●12:00~	●13:30~	●14:00~		●16:00~ ●16:00~	
바다표범의 시간(약 10분) 바다표범의 식사시간		바다표범의 수조			●12:00~ ●12:30~				●15:30~ ●15:30~	
전기뱀장어의 방전을 보자~(약 5분) 실연&해설	1층	피라루쿠 수조 옆		●11:00~ ●11:30~		●13:45~		●15:00~		●16:45~
피라루쿠의 식사시간(토요일만) 사육사가 먹이를 주는 모습을 해설(약 10분)		피라루쿠 수조	토요일에만 실시		●12:45~					
가이드 투어(약 50분) 아쿠아 레이디에 의한 전시 해설		종합안내에서 접수	10:00~	11:00~				15:00~ 15:00~		
고래상어의 식사시간(약 5분) 먹이틀어림을 모습을 해설	2층	구로시오 대수조								
불가사의로 가득한 수생물의 세계 사육관계자의 이야기를 들어보자(약 15분)		아쿠아 라보		●11:15~ ●11:45~		●13:00~ ●13:00~	●14:45~ ●14:45~			
돌고래의 식사시간(약 10분) 돌고래 수로 전기(10:30~16:30)	야외	돌고래 수로	●10:30~	●11:30~ 야외에서 실시	●12:30~	●13:30~	●14:30~	●15:00~		

워터프론트 공원 & 돌핀포트
ウォーターフロント & ドルフィンポート

사쿠라지마와 긴코만이 펼쳐진 공원으로 분수와 이벤트 광장이 있고, 다양한 공연이 주말마다 열린다. 근처에 있는 빨간 등대는 북방파제 등대로 유형 문화재로 등록되어있다.

그 옆에 있는 돌핀포트는 레스토랑과 카페, 특산품, 기념품점 등이 모인 곳으로 긴코만을 바라보며 족욕을 즐기고 하루를 보내기 좋은 곳이다. (주차는 30분만 무료이고 그 이후에는 유료이다)

전화_ 091-221-5777

가고시마 어시장
中央卸売市場 魚類市場

긴 코 만 200m 이 하 의 수 심 속 에 사 는 어 류 를 판 매 한 다 .
또한 근해에서 조업하는 참치선이 잡은 참치까지 아침마다 경매로 시끌시끌하다. 토요일에 가고시마현 협동조합에서 주최하는 어시장 체험투어도 관광 상품으로 열어서 체험하도록 하였다.

주소_ 鹿児島市城南町37-2
시간_ 8:30~17:15(연말연시, 공휴일 휴무)
위치_ JR가고시마 중앙역에서 택시로 10분
전화_ 099-222-0180, 099-201-9897

KAGOSHIMA Tip

어시장 가이드 투어

봄부터 가을(3월~11월 매주 토요일)에는 어시장에서 가이드 투어를 진행한다. 6시 30분까지 집합하여 인원점검을 하고 가이드가 설명을 시작한다. 간단한 설명 후에 시장을 견학할 수 있는데 상인에게 피해가 가지 않도록 주의해야 한다. 가이드투어 후 신선한 해산물로 식사를 할 수 있는 식당에서 식사 (식사비 별도)를 할 수 있다.

▶https://www.facebook.com kagoshimafishmarkettour
▶http://gyokago.com
▶요금 : 성인 2,000¥(소인 1,000¥)

잠보야
両棒餅

센간엔 안의 모찌 전문점으로 아름다운 풍경 속에서 모찌와 차를 마시고 있으면 기분까지 상쾌해진다.

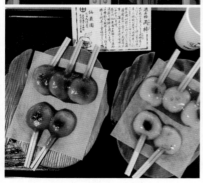

전화_ 099-247-1551

멧케몬
めっけもん

돌핀포트 1층에 위치한 회전 초밥집이자 일식집으로 회전초밥과 덮밥 등이 유명하다. 회전 초밥은 한 접시 120¥부터, 덮밥은 1000-2000¥ 사이이다.
저녁 시간에는 이자카야를 겸하고 있어 식사를 하며 기분 좋게 한 잔 할 수 있다. 가격이 저렴한 장점 때문에 항상 사람들로 북적이는 식당으로 맛까지 좋다는 평을 듣고 있다.

요금_ 초밥 120¥~, 생선회 1,250¥~
영업시간_ 11:00~21:00
전화_ 099-219-4550

미나토 식당
みなと食堂

돌핀포트 1층 후루사토 마켓 내부에 위치한 식당으로 가고시마 산 생선을 사용한 회나 생선구이 정식을 판매하고 있다. 청정지역으로 알려진 가고시마 산 생선이기 때문에 특히 주말에는 가족단위 고객이 주로 찾는 식당이다.

영업시간_ 10:00~20:30
전화_ 099-221-5833

라멘 가루후
我流風

돌핀포트 1층에 위치한 가고시마의 라멘 체인점으로 다른 라멘 식당과 맛의 차이를 느끼기는 힘들다.

하지만 정량화된 양과 맛으로 운영하고 있는 라멘 집이라 저렴하게 한 끼 식사를 원하는 사람들이 찾고 있다. 주말에는 관광객이 가격이 저렴하다는 점 때문에 붐비는 장소이다.

영업시간_ 평일 11:00~!20:45 / 주말 10:00~20:45
전화_ 099-225-6220

VOILA 커피
VOILA コーヒー

돌핀포트 1층 중앙에 위치한 카페로 매장 내에는 자리가 없으나 바깥쪽에 앉을 수 있는 자리가 있다. 역시 드립 커피를 100엔에 마실 수 있어 많은 사람이 찾는다. 커피 맛보다는 가격으로 사람들이 찾는 곳이나 매장 안에 자리가 없어 휴식을 원하는 사람들에게는 적당하지 않다.

영업시간_ 11:00~19:00
전화_ 099-239-4152

빅쿠리 돈키
びっくりドンキー

돌핀포트 1층에 위치한 함바그 가게로 함바그의 양은 150, 300g 중에 고를 수 있으며, 돈키 만끽 세트(ドンキー満喫セット) 선택 시 스프, 음료, 디저트까지 나와 가성비가 좋다.

가장 인기 있는 메뉴는 함바그 위에 치즈가 올라간 치즈 함바그(チーズハンバーグ)로 부드럽고 육즙 가득한 함바그에 고소하고 짭짤한 치즈가 올라간 함바그의 정석 같은 메뉴로 인기가 높다.

영업시간_ 11:00~23:30 (토, 일, 공휴일 10:00부터)
전화_ 099-219-5717

야키토리노 니시야
焼鳥の西屋

돌핀포트 1층에 위치한 이자카야 가게로 야키토리(꼬치)를 주로 판매한다. 매장 내에서 흡연이 가능하여 담배연기가 싫은 관광객은 많이 찾지 않는다. 또한 따로 흡연석이 지정되어 있지 않으므로 주의해야 한다.

영업시간_ 17:00~23:00
전화_ 099-239-2480

PORTO CASA

돌핀포트 2층에 위치한 레스토랑은 다른 식당과 다르게 지중해 코스요리를 판매한다. 맛도 좋아 중요한 행사를 즐기려는 고객이 찾고 있지만 가격대가 조금 높은 2000~5000¥이기 때문에 찾기 전에 메뉴와 가격을 확인하고 입장하는 것이 좋다.

영업시간_ 낮 11:00~14:00 / 저녁 17:30~21:00**전**
화_099-221-5885

툴리 커피
TULLY'S COFFEE

돌핀포트 2층에 위치한 카페로 일본 전역에 체인을 가지고 있다. 커피는 물론 팬케익도 상당히 인기가 있다.
덴몬칸에 있는 툴리 커피^{TULLY'S COFFEE}나 맛의 차이는 없다. 가격도 적당하고 휴식을 취하기 좋은 카페이다.

영업시간_ 낮 11:00~14:00 / 저녁 17:30~21:00
전화_ 099-221-5885

스시 다이닝 스자키
寿司ダイニング洲崎

돌핀포트 2층에 위치한 가게로 생선을 사용한 일식 코스요리를 판매하고 있다. 가격대가 조금 높은 2000~8000¥으로 가족들이 찾는  레스토랑이 아니고 직장인의 회식장소로 알려져 있다. 하지만 주말에는 항상 사람들로 붐비기 때문에 미리 찾아가야 기다리지 않는다.

영업시간_ 낮 11:00~14:00 / 저녁 17:30~21:00
전화_ 099-219-3838

카와큐
とんかつ川久

돌핀포트 2층에 위치한 가고시마의 돈가스 체인점으로 주 메뉴는 흑돼지 돈가스이다. 흑돼지 돈가스가 가고시  마에는 많아서 다른 곳의 돈가스를 먹어봤다면 굳이 추천하지 않는다. 돌핀포트에 있다고 더 맛이 좋지는 않다.

영업시간_ 낮 11:00~14:30 / 저녁 18:00~21:30
　　　　　매주 수요일 휴무
전화_ 099-221-6088

센간엔 (이소테이엔)
磯庭園(仙巌園)

시마즈 가 19대 번주인 시마즈 미츠히사 (島津光久)가 1658년에 지은 별장으로 사쿠라지마와 긴코만이 정면에 보이는 대정원이다. 정원을 걷다 보면 곳곳에서 중국 문화의 영향을 찾아볼 수 있으며, 규모가 커서 하나하나 둘러보는데는 꽤 시간이 걸린다. 정원 내에는 레스토랑과 카페, 기념품관 등이 있으며 일본에서도 희귀한 고양이를 신으로 모시는 신사, '네코가미 신사'(猫神神社)가 있다.

홈페이지_ https://www.senganen.jp/
주소_ 鹿児島市 吉野町 9700-1
시간_ 8:30~17:30
요금_ 성인 1,000¥ / 어린이 500¥
　　　　(저택 관람 시 성인 1,300¥ / 어린이 650¥)
전화_ 099-247-1551

센간엔 저택
仙巌園 御殿,고덴

시마즈 가문이 실제로 살면서 국내외 귀빈을 대접했던 저택으로 고즈넉한 느낌이 있다. 풍수지리와 음양의 조화를 표현하기 위해 안뜰 정원 바닥과 앞뜰에 움푹 팬 팔각형과 우뚝 솟은 팔각형을 두었다. 저택의 바닥은 다다미이나 근대화의 기수이며 서양 문물에 관심이 많던 시마즈 가문답게 내부는 서양식으로 꾸며져 있다. 응접실은 테이블을 두어 서양식으로 꾸몄지만, 침실만은 침대가 아닌 이불이다.

저택(御殿) 관람(유료)
센간엔 내 저택 입구
(저택 관람이 포함된 공통 입장권 판매)
시간 : 9시~17시(입장 마감 16:50)
입장료 : 별도 대인(고교생 이상) 300¥
　　　　　초 · 중학생 150¥

주소_ 鹿児島市吉野町9700-1
관람시간_ 08시30분~17시30분(연중무휴)
요금_ 대인(고교생 이상) 1,000¥(초·중학생 500¥)
전화_ 099-247-1551

센간엔 스타벅스

센간엔 저택을 둘러보고 나오면 오른쪽으로 쭉 걸어가면 옆에 저택에 있는 센간엔 스타벅스가 있다. 센간엔의 테마 스타벅스로 외관은 다른 스타벅스와 다르다. 스타벅스 간판을 자세히 보지 않으면 지나칠 수도 있다. 대부분의 관광객이 이곳으로 향해 갈 것이기 때문에 쉽게 찾을 수 있다.

구 가고시마방적소 기사관
이진칸 / 異人館

옛날 영국인 기술자들이 숙소로 사용하던 서양식 건물이다. 이 기술자들은 29대 번주였던 시마즈 다다요시가 지은 일본 최초의 서양식 방적 공장에 기술을 지도하기 위해 초빙되었다. 관내에는 당시의 사진과 자료가 전시되어 있다.

위치_ JR 가고시마 중앙역에서 가고시마 시티뷰 버스를 타고 35분 정도 소요, 센간엔마에 정류장에서 하차
영업시간_ 09시~17시, 수요일 휴무
전화_ 099-247-3401

상고집성관 (쇼코슈세이칸)
尚古集成館

슈세이칸이란 28대 번주였던 시마즈 나리아카라(島津錦齊彬)가 지은 서양식 공장을 말한다. 석조로 된 본관은 1865년에 지어진 기계 공장을 이용한 것으로 일본의 중요 문화재로 지정되어 있다.
관내에는 대포, 사츠마 기리코(사츠마에서 생산된 유리 세공품, 叩子), 사료 등 약 1만 점을 소장하고 있다. 공방에서 유리세공인 키리코(叩子) 기술을 재현해 보여주고 있다.

위치_ JR 가고시마 중앙역에서 가고시마 시티뷰 버스를 타고 35분 정도 소요, 센간엔마에 정류장에서 하차
관람시간_ 08시 30분~17시 30분
　　　　　　(11/1~3/15 : 7시 20분)
입장료_ 1000￥
전화_ 099-247-1511

이마이즈미시마즈 가문 본저택터(아쓰히메 탄생지)

아쓰히메의 생가인 이마이즈미 가문의 저택으로 현재 저택은 사라지고 돌담만 길가에 남아 있다. 돌담 앞에는 난슈공원 입구의 버스 승강장에 안내판이 있다.

사이고 난슈 현창관
西鄕南州顯彰館 (난슈공원 南州公園)

난슈공원 안에 있는 현창관은 메이지유신의 위업을 전하는 자료관으로 사이고 다카모리의 유품과 디오라마 등을 전시하고 있으며 같은 장소에 세이난 전쟁의 전사자가 안치된 난슈묘지와 사이고 다카모리를 모신 난슈신사도 있다.

관람시간_ 09~17시(입장은 16시 40분까지
　　　　　　월요일 휴무, 12월 29일~1월 1일 휴무)
입장료_ 성인 200￥
전화_ 099-247-1100(사이고난슈현창관)

이시바시 기념공원
석교& 기념관 石橋記念公園

정교하게 만들어진 석교로 에도시대 말의 석교를 옮겨 놓았다. 돌다리의 역사와 기술을 소개하는 기념관까지 만들어 소개하고 있다.

자비엘 상륙 기념비
ザビエル上陸記念碑

1549년 자비엘이 기독교를 알리기 위해 온 것을 기념하기 위한 비석으로 덴몬칸에 있는 자비엘 체류 기념비와는 다르다. 기온노슈공원(祇園之洲公園) 안에 있다.

다가야마 공원
도고 헤이하치로 동상

東鄕平八郎 凍傷

사쿠라지마를 한눈에 볼 수 있는 전망이 좋은 공원으로 위에 도고 헤이하치로의 동상이 있으며 봄에는 벚꽃이 피어 가족들이 나들이 나오는 장소로 유명하다.

전화_ 099-216-1366

이소 해수욕장
釜磯海水浴場

가고시마를 여름에 방문한다면 반드시 찾아야 하는 명소로 바다 건너 사쿠라지마를 배경으로 바캉스를 즐길 수 있다. 개장 기간은 7월 10일~8월 31일까지이다.

사료
茶寮

센간엔의 중앙에 위치한 찻집으로 일본 녹차를 메인으로 화과자 등을 판매한다. 11~15시까지는 수량한정으로 유두부와 닭고기밥 정식 등의 식사류도 판매한다. 추천 메뉴는 미니 말차 파르페(ミニ抹茶 パフェ/미니 맛챠파페-)로 팥을 얹은 녹차 아이스크림에 찹쌀 경단이 들어있다. 일본 녹차의 진한 맛이 익숙하지 않은 사람도 거부감 없이 먹을 수 있고, 너무 달지 않아 좋다. 같이 나오는 차를 마시면 뒷맛도 깔끔하다.

영업시간_ 9:00~16:45(O,S)
전화_ 099-247-1551

오카테이
桜華亭

센간엔 카페 사료의 2층에 위치한 레스토랑으로 사쿠라지마 섬이 잘 보이는 장소이기도 하다.
일일 15식 한정으로 판매하는 이달의 추천 메뉴(今月のおすすめメニュー/콘게츠노 오스스메 메뉴)가 인기이며 깔끔하고 정갈한 일식 한상 차림이 나온다. 전체적으로 담백하고 재료의 맛을 잘 살린 요리로 여관에서 나오는 가이세키 요리와 비슷한 느낌이다.

영업시간_ 11:00~15:30(O,S)
전화_ 099-247-1551

쇼후켄/마츠카제켄
松風軒

센간엔 안에 위치한 캐주얼 레스토랑으로 오카테이(桜華亭)가 정통 일식 위주라면, 쇼후켄에서는 덮밥, 카레, 돈가스 등의 가벼운 일품요리를 주로 판매한다. 간단한 식사를 원하는 관광객이 찾는 레스토랑이기 때문에 가격도 비싸지 않다.

영업시간_ 식사 11:30~14:30(O.S) / 카페 15:00~16:30
전화_ 099-247-1551

키친 카페 코하루비요리
キッチンカフェ小春日和)

센간엔에서 도보 5분 정도 거리에 위치한 카페로 런치 메뉴와 커피, 디저트 등을 판매한다. 인기 있는 메뉴는 3D 라떼아트와 아이스 커피 팥죽(冷やしコーヒーぜんざい/히야시 코-히 젠자이)이다. 라떼아트의 경우 오후 2시 이후부터 주문이 가능하다.

아이스 커피 팥죽은 일본풍의 아포가토 같은 느낌으로 아이스 커피에 바닐라 아이스크림과 팥, 작은 경단이 들어간 독특한 메뉴이다. 보통 얼음 대신 커피를 얼린 얼음을 넣어 녹아도 밍밍하지 않고, 팥과 커피의 조합이 생각보다 잘 어울린다.

홈페이지_ koharubiyori.yumemaru.com
주소_ 鹿児島市 吉野町 9688-23
영업시간_ 11:30~18:00 (L.O 17:30)
　　　　　매주 금요일 휴무
전화_ 099-801-4337

가고시마 숙소에 대한 이해

가고시마여행에 대해 가장 질문이 많은 내용이 숙소에 대한 것이다. 대부분 가고시마 여행이 처음이기 때문에 숙소예약이 의외로 쉽지 않다. 숙소를 예약하는데 가장 큰 문제는 숙박비이다. 가고시마 숙소의 전체적인 이해가 필요하다.

해외여행을 한다면 먼저 항공권을 알아보고 도시간 이동하는 교통수단을 알아보고 숙소를 예약하지만 가고시마여행에서는 반드시 숙박부터 확인하고 항공권을 알아봐야 한다. 그렇지 않으면 왕복 항공권은 저렴하지만 숙소 때문에 비싼 여행을 할 수도 있다. 호텔은 반드시 룸 내부의 사진을 확인해야 한다.

▶숙소 예약 추천 사이트 _부킹닷컴 http://ww w.booking.com/
에어비앤비와 같이 전 세계에서 가장 많이 이용하는 숙박예약 사이트이다.

가고시마 호텔 이용

1. 숙박비용이 저렴하지 않다.
일본의 다른 도시들은 호스텔이나 민숙, 게스트하우스 등도 많지만 가고시마는 숙박자체의 숫자가 적어서 숙박비용이 저렴하지 않다. 호텔도 가격이 대부분 비슷하고 시설도 비슷하다. 미리 숙박비용을 예상하고 여행을 준비하는 것이 마음이 편하다.

2. 방사이즈와 샤워실이 좁다.
호텔의 화장실과 샤워실도 분리시키고 샤워실은 샤워만 하고 바로 나와야 할 정도로 좁은 경우가 대부분이기 때문에 넓은 호텔을 예상하고 간다면 가고시마 호텔은 답답하게 느껴진다. 호텔 방과 샤워실 크기는 기대하지 않는 게 현명하다.

3. 미리 예약해야 원하는 숙박 예약이 가능하다.

일정이 확정되면 호텔부터 예약해야 한다. 성수기에는 숙박 자체의 숫자가 적어서 숙박예약이 가고시마 여행에서 문제를 발생시킬 수 있다. 원하는 호텔은 다른 여행자도 원하는 호텔이기 때문에 미리 예약을 해야 한다. 여행날짜에 임박해 예약하면 원하는 호텔은 없거니와 비싼 값을 치러야 하는 경우도 발생한다.

4. 어린이라고 그냥 입실하면 안 된다.

어린 아이라고 호텔에 있는 침대를 그냥 이용하면 안 된다. 다른 나라의 호텔은 어린아이는 입실이 무료인 경우도 많지만 일본은 어린이도 1명으로 간주하니 미리 예약부터 확인해야 한다. 조식이 포함된 경우라면 더더욱 조심해야 한다.

5. 비수기를 노린다.

당연한 이야기일 수 있지만 성수기에는 호텔의 예약이 어렵고 가격이 올라간다. 가뜩이나 숙박의 개수가 적은 가고시마는 더더욱 성수기의 예약이 어렵다. 경비를 아끼려면 비수기를 이용해 저렴하게 이용해야 한다.

일본 여행에서 알아두어야 할 에티켓

1. 일본은 에티켓이 대단히 중요한 나라이다. 무엇보다 다른 이에게 피해를 주는 것을 싫어한다. 대중교통을 이용할 때나 호텔, 식당 등 사람들이 모이는 공공장소에서도 큰소리로 떠들거나 다른 사람에게 피해를 주는 행동은 하지 않아야 한다.

2. 인물을 촬영할 때는 허락을 받고 찍는 것이 좋다. 대형 쇼핑몰이나 상점 내부에 진열된 소품 등을 허락 없이 찍을 때는 제재를 하는 경우가 많다.

3. 현지 식당을 이용할 때는 과자나 음료수 등을 식당에 들고 들어가지 않아야 한다. 작은 식당도 자부심이 강해서 자신의 카페나 식당에서 제공하지 않는 음식을 반입하는 것은 예의가 아니라고 생각한다.

4. 식당에 들어가서 빈자리가 보인다고 아무 자리나 앉지 말고 기다려야 한다. 식당을 이용하는 인원을 말한 후, 앉을 자리를 지정해 주고 나면 해당 자리에 앉는 것이 좋다. 그 자리가 싫다면 다른 자리로 바꾸어달라고 이야기하면 된다.

5. 주문을 할 때는 큰 소리로 부르지 말고 서로 눈을 마주쳤을 때를 기다려야 한다. 눈이 마주치는 순간 손을 들고 말하면 되고 2인이 1인 메뉴를 주문하는 것도 실례이다.

6. 식당에 비치된 소스는 국자나 숟가락을 이용해 자신의 접시에 덜어서 먹는 것이 또한 예의이다.

7. 일본 버스는 우리나라와 반대로 뒷문으로 승차해 앞문으로 내린다. 버스에서 내릴 때 버스가 정차한 후에 자리에서 일어나 내리는 것이 일반적이다. 승객이 완전히 내릴 때까지 기다리기 때문에 우리나라처럼 급하게 내려야 할 필요가 없다.

SLEEPING

가고시마 여행에서 관광객에게 가장 좋은 숙소의 위치는 중앙역 근처와 덴몬칸 부근이다. 공항과의 교통의 편리성이나 이부스키나 야쿠시마를 방문할 예정이라면 중앙역이 좋고, 쇼핑과 나이트 라이프를 즐기려고 한다면 덴몬칸 근처가 편리하다. 처음 가고시마 여행을 와서 어디에 숙소를 잡아야할 지 고민이 된다면 덴몬칸 보다는 중앙역 근처에 숙소를 예약하는 것이 좋다. 공항버스가 내리는 중앙역 거리에서 가까워 도보로 이동이 가능하고 밤에도 위험하지 않다.

여름에는 무지 더운 가고시마의 숙소에는 에어컨이나 교통의 편리성을 따져보는 것이 좋다. 북유럽의 호텔처럼 에어컨이 없는 숙소는 없지만 지구온난화로 최근에는 여름의 에어컨 상태는 가고시마 여행에서 중요하다. 상대적으로 겨울에도 영하로 내려가는 경우가 없는 가고시마에서 난방은 큰 문제가 숙소 선택의 중요사항은 아니다.

솔라리아 호텔
Solaria Hotel

가고시마에서 위치적으로 중앙역 정면에 있고 전망도 좋은 호텔로는 솔라리아 호텔보다 좋은 호텔은 찾기 쉽지 않다. 시내에 있는 시설이 좋은 4성급 호텔이다. 화려한 외관과 달리 내부 인테리어는 단순하다. 프랑스 레스토랑도 있고 상당히 훌륭하기 때문에 비즈니스를 하는 사람들이 많이 찾는다. 가격은 높지만 가고시마의 숙박업소 가운데 사우나까지 갖춘 곳은 거의 유일하다.

주소_ 鹿兒島市中央町 11, 890-0053
요금_ 더블룸 9,000¥~
전화_ 099-210-5555

160

JR 규슈 호텔
Versailles

JR 가고시
마 중앙역
과 연결된,
도보 1~3분
정도 거리
에 있는 3성
급 호텔이

다. 냉장고
와 에어컨,
드라이기까
지 비치되
어 여성들이 좋아한다. 중앙역에서 가장
가깝다는 점도 이 호텔의 장점이다.

주소_ 鹿兒島市中央町 1-1-2, 890-0045
요금_ 싱글룸 6,700￥~, 더블룸 10,500￥~
전화_ 099-213-8000

도큐레이 호텔
Tokyu REI Hotel

후쿠오카보다
호텔이 많지
않은 가고시
마에서 가격
이 저렴하여
한국인이 많

이 찾는 호텔이지만 직원들의 친절도는
낮은 편이다. 호텔에서 오른쪽으로 돌면
바로 나오는 고쓰키 강변을 산책할 수 있
어 위치적으로 좋다. 중앙역에서 호텔까
지 이동도 5분 이내로 편리하다. 방의 크
기는 일본의 다른 호텔처럼 작은 편이다.

주소_ 鹿兒島市中央町 5-1, 890-0053
요금_ 싱글룸 5,400￥~, 더블룸 6,500￥~
전화_ 099-256-0109

도큐레이 호텔(Tokyu REI Hotel)

선데이즈 호텔
Sun days Hotel

노면전차 덴몬칸도리 역에서 도보 5분 거리에 위치한 호텔 역과 가깝지만 길을 잘 모른다면 헤맬 수도 있다. 오래된 호텔이지만 관리가 잘되어 있고 식당과 술집이 상당히 많아 밤에도 활동하고 싶은 여행객에게 좋은 점수를 받지만 조용한 호텔을 원한다면 추천하지 않는다. 약간의 저렴한 가격에 가습기와 공기청정기까지 구비하고 있어 가성비가 좋은 호텔로 정평이 나있다.

아넥스 호텔
Annex Hotel

도큐레이 호텔 건너편에 위치한 호텔로 중앙역에서 5분정도의 거리에 위치해 있다. 직원들이 친절하고 조식의 맛이 특히 좋다. 저렴한 가격에 좋은 위치, 고쓰키 강변의 산책까지 한다면 가성비가 아주 높은 호텔이라는 사실을 알게 된다. 1층의 오그넥 레스토랑의 인기가 높으며 비즈니스 고객들이 많다.

주소_ 鹿児島市中央町 4-32, 890-0053
요금_ 싱글룸4,400¥~, 더블룸 6,430¥~
전화_ 099-257-1111

주소_ 鹿児島県鹿児島市呉服町 9-8, 892-0844
요금_ 싱글룸 4,800¥~, 더블룸 6,742¥~
전화_ 099-227-5151

리치몬드 킨세이초 호텔
Richmond Kinseicho Hotel

가격도 저렴하고 직원들의 친절하여 자유 여행자들에게 인기가 있는 호텔이다. 중앙역과 덴몬칸에서 조금은 떨어져있지만 아사도리 노면 전차역에서 몇 걸음만 옮기면 호텔에 도착할 수 있다.

오래된 호텔이지만 내부 인테리어는 세련되게 새로 인테리어를 하여 쾌적하다. 조식이 뷔페로 든든하게 먹을 수 있는 장점이 있다.

주소_ 鹿児島市千日町タカプラ 5-3, 892-0828
요금_ 싱글룸 4,900¥~, 더블룸 7,740¥~
전화_ 099-219-6655

램 가고시마 호텔
Ramm Kagoshima Hotel

덴몬칸도리 바로 옆에 위치한 호텔로 방이 좁은 편이

나 깨끗하고 세련된 인테리어에 가격도 저렴해 자유 여행자와 패키지 여행자 모두가 선호하는 호텔이다.

작은 호텔이지만 조식이 잘 나오고 돈키호테에서 쇼핑을 원하는 여행자는 밤에 쇼핑을 하고 들어와도 부담스럽지 않은 거리에 있다. 직원들도 상당히 친절해 질문에 잘 답해준다.

주소_ 鹿児島県鹿児島市呉服町 1-32, 892-0842
요금_ 싱글룸 4,800¥~, 더블룸 6,543¥~
전화_ 099-224-0606

그란 세레소 호텔
Gran Cerezo Hotel

아파 호텔 추오 에키마에
APA Hotel Chuo-Ekimae

위치가 중앙역에서도 멀지 않다고 생각
했는데, 일부 여행자는 중앙역과 덴몬칸
에서 약간 멀다는 단점이 있다고 한다. 새
로 만든 호텔은 깨끗하며 룸 내부가 넓고
욕실까지 있어 숙소를 편안하게 만들어
준다. 조식도 좋고 영어로 의사소통이 가
능한 친절한 직원까지 단점을 찾기 힘들
어 연인이나 가족단위의 여행자에게 추
천한다.

간단한 조리시설인 전자렌지와 인덕션 등
이 있어 조리가 가능해 자유여행자에게
인기가 높은 호텔이다. 중앙역에서 3분
정도의 거리에 있어 편리하며 중앙역의
버스와 전차를 이용해 시내로 이동이 쉬
우며 공항을 가는 버스터미널이 가까워
짧은 기간의 여행자가 이용하기에 좋다.

주소_ 鹿児島県鹿児島市呉服町 1-32, 892-0842
요금_ 싱글룸 4,800¥〜, 더블룸 6,543¥〜
전화_ 099-224-0606

주소_ 鹿児島市中央町 2-21-22, 890-004
요금_ 싱글룸4,540¥〜, 더블룸 7,600¥〜
전화_ 099-813-1111

우르빅 호텔
Urbic Hotel

가고시마 역 바로 옆에 위치한 호텔로 쇼핑센터를 이용하기에 편리하다. 방은 작지만 침대는 큰 편으로 크게 불편할 정도는 아니다. 내부는 깔끔하고 깨끗하여 여행자는 항상 만족한다. 로비에서 무료로 제공되는 커피와 24시간 운영하고 있는 수하물 보관소를 이용하기가 쉬워 여행자의 편리성을 최대한 고려하였다. 일본 요리와 서양요리로 구성된 조식은 인기가 높다.

주소_ 鹿兒島市中央町 1-3-1, 890-0045
요금_ 싱글룸 4,600￥〜, 더블룸 7,900￥〜
전화_ 099-214-3588

워싱턴 호텔 플라자
Washington Hotel Plaza

합리적인 가격에 좋은 전망을 가진 호텔로 방이 좁지만 덴몬칸에서 도보 3분 거리에 위치해 패키지 여행자에게 인기가 있다.

큰 규모의 호텔로 조식이 잘 나오고 돈키호테에서 쇼핑을 원하는 여행자는 밤에 쇼핑을 하고 들어와도 좋아 패키지 여행 상품에 자주 등장한다. 직원들은 한국인 여행자가 많아 친절하게 질문에 답해준다.

주소_ 鹿児島県鹿児島市呉服町 12-1, 892-0844
요금_ 싱글룸 4,710￥〜, 더블룸 8,940￥〜
전화_ 099-225-6111

시로야마 호텔
Shiroyama Hotel

시내에서 조금 먼 곳에 위치한 호텔로 사쿠라지마 화산과 바다가 내려다 보이는 야외 천연 온천탕, 스파가 있어 인기가 있다. 스파에서는 한증막과 꽃잎 목욕, 마사지를 받을 수도 있다.

시내와는 조금 떨어져 있지만 호텔에서 가고시마 중앙역과 덴몬칸을 오가는 버스를 무료로 운행하고 있어 불편함은 없다. 직원이 매우 친절하고 방도 넓어서 휴양 목적으로 오기에 더할 나위 없이 좋은 곳이다.

주소_ 鹿児島県鹿児島市呉服町 41-1, 890-8586
요금_ 더블룸 20,520¥～
전화_ 099-224-2211

도미 인 호텔
Dormy inn Hotel

2008년에 덴몬칸 중심에 문을 연 비즈니스 호텔이다. 객실에 2단 침대가 있어 가족 여행자에게 특히 인기가 높다. 패키지 여행에서 주로 찾는 호텔로 돈키호테가 주변에 있어 밤에도 쇼핑이 가능하다.

주소_ 鹿児島県鹿児島市呉服町17-30, 892-0847
요금_ 더블룸 13,520¥～
전화_ 099-216-5489

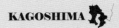

가고시마 Best 3 커피

타리즈커피 렘가고시마점(タリーズコヒーレム鹿 島店)

덴몬칸 근처에 있는 타리즈 커피는 아침 일
찍부터 열기 때문에 출근하는 직장인이 많
이 찾으며 밤늦게 커피를 마시고 싶은 덴몬
칸 근처의 호텔에 있는 관광객이 밤에 주로
찾고 있다. 커피맛이 좋지만 같이 주문하는
팬케익도 상당히 인기가 있다.

주소_ 鹿児島県鹿児島市東千石町 1-32
영업시간_ 월~목 : 7:00~23:00
　　　　금~토 : 7:00~24:00
　　　　공휴일 · 일요일 : 7:00시~23:00
전화_ 099-248-9612

도토루(DOTOROU)

지금은 우리나라에서 도토루 커피점을 거의
볼 수 없지만 한때는 꽤 많은 커피전문점이
있었다. 여전히 일본에서는 많은 커피전문
점을 거느리고 있는 도토루는 계량화된 커
피의 맛을 내고 있다.

덴몬칸 스타벅스(Starbucks)

덴몬칸 아케이드 안으로 들어가서 사거리가
나오는 오른쪽에 있는 스타벅스는 가고시마
에서 찾기가 힘든 스타벅스를 마실 수 있다.
전 세계 어디에서도 동일한 맛을 가진 스타
벅스이지만 가고시마에서는 스타벅스가 반
갑기까지 하다.

주소_ 鹿児島県鹿児島市東千石町 13-27
영업시간_ 평일 07:30~21:00, 주말 08:00~22:00
전화_ 099-805-0239

주소_ 鹿児島県鹿児島市東千石町 15-20
영업시간_ 평일 07:30~21:00, 주말 08:00~22:00
전화_ 099-805-0321

내 아이와 함께 하는 가고시마 여행

가고시마 아뮤 플라자와 이온 쇼핑센터, 야마가타야 백화점에서 기념품이나 독특한 패션 아이템을 쇼핑하고 식당에서 식사를 즐기며 대화를 나누는 것만이 가고시마의 여행은 다가 아니다. 가고시마는 소도시이기 때문에 부모와 아이가 같이 여행을 즐기기 좋은 도시이다. 아이가 어리다고 해도 소도시이기 때문에 복잡하기 않은 도시에서 여유를 즐기고 아이와 함께 즐길만한 놀이들이 도시에 가득하다. 추천한다면 아래의 6가지이다.

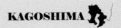

1. 가고시마에서 아이들과 함께 가장 먼저 가볼 만한 곳을 원한다면 아유란 관람차이다.

2. 섬세하게 조성된 가고시마 아쿠아리움의 해양 생태관에서 알록달록한 바다 생물들을 만나는 것이다.

3. 히라카와 동물원에서 사진도 찍고 설명도 들으면서 신비로운 동물의 세계에 대해 배워 보는 것이다.

4. 가고시마 열대식물원에서 이국적이고 토속적인 식물을 보면서 가장 맘에 드는 식물을 사진에 담아 보는 것도 평생의 경험에 남을 것이다.

5. 가고시마 시내에서 먹을 것을 준비해 한가롭게 타가야마 공원이나 이시바시 공원에서 여유를 즐겨보자.

6. 센간엔, 가고시마 공원 또한 날씨 좋은 날에 여유를 만끽하기에 좋은 곳이다.

7. 사쿠라지마 산이나 기리시마 긴코완 국립공원에서 핸드폰을 끄고 문명화된 사회를 잠시 떠나 휴식을 취해보는 것도 좋은 선택이다. 자연을 사랑한다면 사쿠라지마 자연 공룡 공원에서 기억에 오래 남는 추억을 만들 수 있다.

8. 아이의 손을 잡고 아리무라 용암 전망대에 가보면 신나는 과학 체험을 즐기면 과학 지식도 늘릴 수 있다.

9. 가고시마의 매력적인 예술적 분위기를 느껴보고 싶다면 가고시마 시립미술관, 나가시마 박물관, 나카무라 신야 박물관을 추천한다.

10. 아이가 조금 커서 일본의 근대 역사와 대한민국의 아픈 역사를 알려줄 수 있다면 가고시마 현립박물관과 메이지 유신 박물관을 추천한다. 근처에 있는 역사박물관, 역사자료 박물관도 일본의 잘못된 역사와 함께 대한민국의 역사를 비교해 알려 줄 수 있는 좋은 교육장소이다. 일본의 근대 개방을 가능하게 만든 신세이도 자비에르 성당에 들르는 것도 좋다.

11. 쓰루마루 성에서 규슈 지역의 성들에 얽힌 다양한 이야기를 알아볼 수도 있다.

12. 가장 인기 있는 공연장인 가고시마 시민문화관에서 멋진 공연을 경험해 볼 수도 있다.

13. 대표적인 랜드마크인 시로야마 천문대, 아리무라 라바 전망대 등을 방문해 여행이 오래 기억될 수 있도록 특징적인 분위기를 직접 경험해 볼 수 있다.

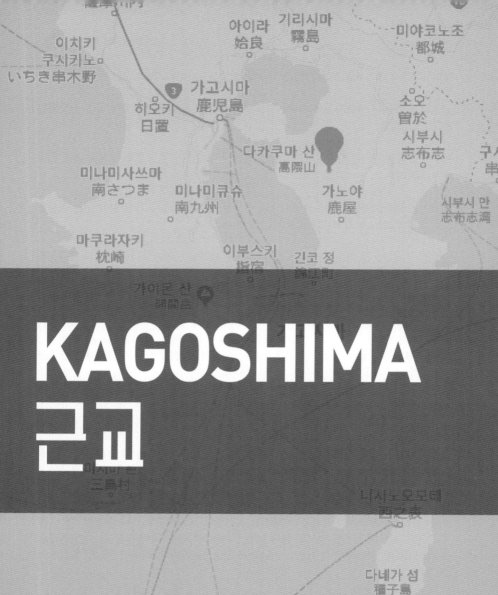

KAGOSHIMA
근교

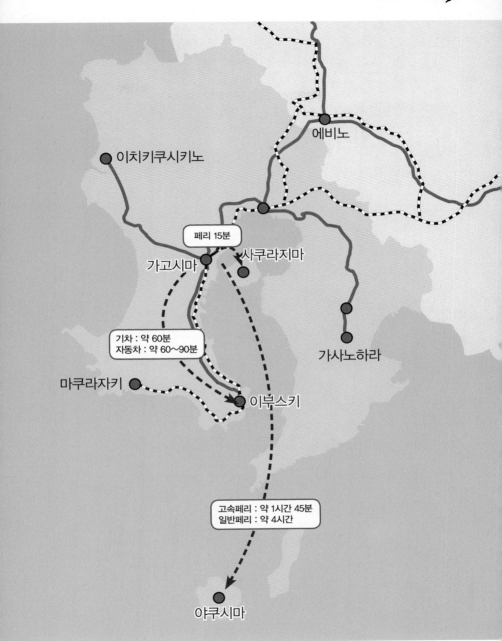

이치키쿠시키노

에비노

페리 15분

사쿠라지마

가고시마

기차 : 약 60분
자동차 : 약 60~90분

가사노하라

마쿠라자키

이부스키

고속페리 : 약 1시간 45분
일반페리 : 약 4시간

야쿠시마

桜島, さくらじま

사쿠라지마

桜島, さくらじま

세계적으로 이름난 화산인 사쿠라지마(桜島)는 긴코만(錦江灣)을 사이에 두고 가고시마 시 바로 앞에 우뚝 솟아 있는 가고시마의 상징이다. 동서 약 12km, 남북 약 10㎞, 둘레 약 55㎞, 면적 77㎢의 반도로 오스미(大淠) 반도와 연결되어 있다. 사쿠라지마(桜島)는 이름에서 알 수 있듯 원래는 섬이었지만 1914년 1월12일에 일어난 대폭발 당시 약100억ton의 용암이 흘러나와 폭 400m의 바다를 메우면서 육지와 연결되어 반도가 되었다. 사쿠라지마(桜島)의 현재 인구는 약 6,000명 정도로 1914년의 대폭발 이전의 인구 2만 명 정도와 비교하면 많이 감소하였다.

▶ **가는 방법** (열차비 : 970¥)
가고시마 항구에서 15분 정도의 거리에 있는데 10〜15분 간격으로 24시간 운항하고 있다. 자전거나 차량도 배에 실을 수 있다.

▶ **운임** : 성인 160¥ / 어린이 80¥
자전거 110¥의 추가요금 / 자동차 3m 미만은 880¥, 3〜4m는 1,150¥, 4〜5m는 1,600¥

사쿠라지마 요리미치(YORIMICHI)페리 크루즈

킨코만Kinko bay에서 약50분을 배를 타는 크루즈이다. 매일 11시 5분에 사쿠라지마 페리 터미널을 출발한다. 페리는 칸게Kanze 등대 주위를 돌고 사쿠라지마와 도시를 바라보는 다이쇼 용암에서 벗어나 사쿠라지마를 오스미 반도와 카이 몬 다케에서 바라 볼 수 있다.

날씨가 좋다면 가고시마, 사쿠라지마, 키리시마, 카이 몬 다케의 3 대 화산을 볼 수 있다. 긴코 만에 사는 돌고래도 볼 수 있다. 사쿠라지마 관광버스 '사쿠라지마 섬 전망'은 사쿠라지마 항을 12시 15분에 출발하므로 시간대가 여행에 적합하도록 맞춰 놓았다.

코스
가고시마 항 → 칸게Kanze → 다이쇼 근해 용암(앞바다) → 사쿠라지마 항(사쿠라지마 항에서 페리하차)

1. 가고시마 항 출발
오른쪽의 가고시마 수족관을 보며 가고시마의 사쿠라지마 페리 터미널에서 페리가 출발한다.

2. 흰색 원추형 콘크리트 탑, 칸게Kanze 등대
조명은 최대 24km까지 도달하고 높이는 18m로 등대는 가고시마 항으로 들어오는 배들에게 중요한 역할을 한다.

3. 아카미즈 전망대
2004년 8월 가고시마 출신 가수인 '나가부치 츠요시'는 사쿠라지마 나이트 콘서트를 개최했다.

4. 페리
타이 쇼 용암 지대의 전망은 1914년에 분출된 용암이 바다로 흘러와 여기에 있던 작은 섬을 삼켰다. 다이쇼 용암지대는 분출 후 약100년 만에 볼 수 있는 살아있는 박물관이다.

5. 사쿠라지마 항 도착
사쿠라지마 항에 도착해 사쿠라지마(Sakurajima) 관광

가고시마 페리 순환 크루즈 (긴코만을 약 50분간 탑승 / 하루1회 운항)

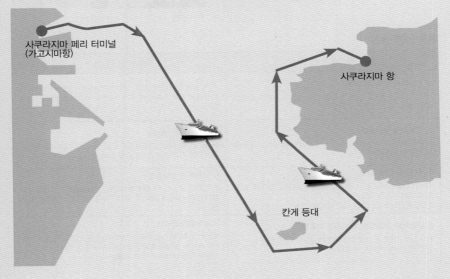

둘러보는 방법

사쿠라지마(桜島)는 대중교통이 불편한데 비해 섬은 넓고 관광지는 떨어져 있어서 도보여행은 고려하지 않는 것이 좋다.

렌트카
사쿠라지마(桜島)를 제대로 둘러보고 싶다면 렌터카를 이용할 수 있다.
▶2시간 4,500¥(초과시 시간당1,000¥)

관광버스
사쿠라지마(桜島) 항 앞에 09시40분, 14시 20분에 출발하는 버스가 있다.
상대적으로 비용이 저렴한 정기 관광버스를 이용하는 것이 좋다.
▶요금 : 1,700엔

택시
일행이 3~4명 이상이라면 관광택시를 이동하는 것이 저렴하다.

자전거
만일 짧은 여행일정 때문에 사쿠라지마(桜島)의 분위기만 대충 보고 와야 한다면 사쿠라지마(桜島) 항 바로 앞에 있는 자전거 대여소에서 자전거를 빌리는 것도 좋은 방법이다.
▶요금 : 시간당 300¥, 스쿠터 2,500¥

지형과 특산물

섬 전체로 보면 평지는 거의 없지만 북서부와 남서부의 해안가에 비교적 완만한 경사면이 있어 농지로 이용되고 있는데, 이곳에서 사쿠라지마의 특산물로 유명한 세계에서 가장 큰 무인 사쿠라지마(桜島) 다이콘과 세계에서 가장 작은 귤인 사쿠라지마(桜島)미카이가 생산되고 있다.

미카이(귤)   다이콘(무)

추천 여행 코스

도보로 가능	아일랜드 뷰 버스
1. 츠키요미 신사 (버스X) 사쿠라지마항 바로 앞에 위치한 신사 버스나 페리 시간이 맞지 않을 때 잠깐 둘러보기 좋다.	2, 3, 4번 정류장의 경우 정차하는 시간이 없으니 페리 터미널에서 도보로 이동한 후 아일랜드 버스에 탑승하는 것이 좋다.
2. 히노시마 메구미칸 사쿠라지마항에서 도보 5분 거리에 위치한 휴게소로 특산품과 간단한 식사를 판매한다.	**5. 가라스지마 전망대** 아일랜드 뷰 버스 이용시 5분 정도 정차하는 장소로 계단을 올라가면 긴코만(錦江灣)이 한 눈에 들어온다.
3.레인보우 사쿠라지마 사쿠라지마항에서 도보 10분 거리에 위치한 온천으로 당일치기 입욕이 가능하다. 온천+점심+카페로 오랜 시간 휴식도 가능	**6. 아카미즈 전망광장** 아일랜드 뷰 버스가 8분 정차하는 장소로넓은 잔디밭이 펼쳐져 있어 사진을 찍기에 좋다. 조각 '절규의 초상'이 있는 장소
4. VISITOR CENTER, 해안공원 족욕탕 사쿠라지마항에서 도보 8분 거리에 위치한 종합안내소, 뒤편에는 야외 족욕탕이 있다.	**7. 유노히라 전망대** 아일랜드 뷰 버스가 15분 정차한다. 2층 전망대에 올라가면 사쿠라지마 화산의 모습을 가까이에서 볼 수 있다. 석양이 아름답기로 유명한 장소

아일랜드 뷰 버스

1시간에 걸쳐 사쿠라지마 서쪽의 주요 관광 포인트를 도는 버스로 웰컴 큐트 패스 이용시 무료로 탑승 가능하다.

▶요금 : 성인 120~440¥, 어린이 60~220¥(1일 승차권 : 성인 500¥, 어린이 250¥)
※웰컴 큐트패스 이용 시 무료
※아일랜드 버스 1일 승차권 이용시 요금 할인 – 페리 : 성인 130¥, 어린이 70¥
마그마 온천 : 성인 300¥, 어린이 130¥

버스정류장	1편	2편	3편	4편	5편	6편	7편	8편
1. 사쿠라지마항 출발	9:00	10:05	11:10	12:15	13:20	14:25	15:30	16:35
2.히노시마 메구미칸	9:01	10:06	11:11	12:16	13:21	14:26	15:31	16:36
3. 레인보우 사쿠라지마	9:02	10:07	11:12	12:17	13:22	14:27	15:32	16:37
4. Visit 센터	9:03	10:08	11:13	12:18	13:23	14:28	15:33	16:38
5. 가라스지마 전망대(도착)	9:05	10:10	11:15	12:20	13:25	14:30	15:35	16:40
5. 가라스지마 전망대(출발)	9:10	10:15	11:20	12:25	13:30	14:35	15:40	16:45
6. 아카미즈 전망광장(도착)	9:12	10:17	11:22	12:27	13:32	14:37	15:42	16:47
6. 아카미즈 전망광장(출발)	9:20	10:25	11:30	12:35	13:40	14:45	15:50	16:55
7. 아카미즈 유노히라구치	9:23	10:28	11:33	12:38	13:43	14:48	15:53	16:58
8. 유노히라 전망대(도착)	9:35	10:40	11:45	12:50	13:55	15:00	16:05	17:10
8. 유노히라 전망대(출발)	9:50	10:55	12:00	13:05	14:10	15:15	16:20	17:25
9. 오슈초등학교 앞	9:58	11:03	12:08	13:13	14:18	15:23	16:28	17:33
10. 사쿠라지마항 도착	10:00	11:05	12:10	13:15	14:20	15:25	16:30	17:35

사쿠라지마 정기 관광버스 (중앙역에서 출발하는 정기 관광버스)

코스	출발장소	출발시간	소요시간	요금 성인	요금 어린이	기타
사쿠라지마 자연유람 코스	가고시마 중앙역 (동쪽 8)	8:55 / 13:40	11:10	¥2,300 / ¥1,800	¥1,200 / ¥850	사쿠라지마 항 승하차 가능
요카토코 급행 코스	가고시마 중앙역 (동쪽 8)	9:20 / 13:30	11:11	¥2,780	¥1,390	출발 9:40 / 14:30
전체 일주 코스	가고시마 중앙역 (동쪽 9)	8:50	11:12	¥4,110	¥2,060	예약 필수 (☎099-247-5244)

아이스크림

사쿠라지마 지역 판매점에서 다양한 과일과 토산품을 판매하고 있는데 아이스크림이 인기상품이다. 사쿠라지마에서 생산된 특산품 중에서 작은 귤로 만든 아이스크림은 인기가 높다. 달콤하면서도 약간의 신맛이 느껴지는 소프트 아이스크림이다.

사쿠라지마 개념잡기

사쿠라지마(桜島)는 지금도 계속 연기를 내뿜고 있는 활화산으로 주요 볼거리는 섬 가장자리의 도로에 있다. 지붕달린 묘석군을 왼편으로 하고 올라가면 유노히라 전망대가 나오는데, 미나미다케에서 연기가 피어오르는 모습을 볼 수 있다.

사쿠라지마(桜島)는 하나의 산처럼 보이나 실제로는 높이 1,117m 의 기타다케와 1,040m의 미나미다케 라는 2개의 화산이 나란히 늘어서 있다. 기타다케는 5천 년 전까지 활동하던 화산이며, 4천 5백 년 전부터 활동을 시작한 미나미다케는 아직도 한 해 수십 차례에 걸쳐서 활발한 화산 활동이 진행 중이다.

경치를 즐기고 난 후에는 해변 온천인 후루사토 관광호텔(909–221–3111)에서 온천욕을 즐길 수 있다. 욕의를 입고 입욕하는 류신 노천탕은 마치 바다와 이어진 것 같다.

방문자 센터
Visitor Center

사쿠라지마항에서 도보 10분 거리에 위치한 장소로 화산폭발의 역사, 화산 활동의 과정을 알기 쉽게 전시한 안내소이다. 화산활동으로 생긴 다양한 용암석과 사쿠라지마의 모형 등을 전시한 코너, 특산품을 판매하는 기념관이 있으며 누구나 무료로 이용 가능하다.

주소_ 鹿児島市 桜島横山町 1722-29
시간_ 9:00〜17:00
전화_ 099-293-2443

용암해안공원 족욕탕
溶岩海岸公園&足湯

방문자 센터 맞은편에 위치한 전체 길이가 약 100m에 달하는 일본 최대의 족욕탕으로 긴코만(錦江湾)과 가고시마 시내를 보며 천연 온천을 즐길 수 있는 장소이다.

주소_ 鹿児島市 桜島横山町 1722-3
시간_ 9:00〜일몰까지

사케비노쇼조
叫びの肖像

사쿠라지마(桜島)항에서 멀지 않아 사진을 찍기 위해 많이 찾는 장소이다. 사쿠라지마(桜島)에 있는 동상으로 일본의 조각가 오나리히로시(大成浩)에 의해 만들어졌으며, 높이 3.4m, 총중량 38.2t의 거대한 작품이다.

가고시마 출신의 가수인 나가부치 쓰요시가 사쿠라지마(桜島)의 채석장 철거지에서 75,000명의 관객 앞에서 콘서트(2004년 8월 21일)를 열고 난 후에 기념으로 만든 용암 조각상이다. 단순한 조각상이 있어 실망하기도 한다.

전화_ 099-226-1327

유노히라 전망대
湯之平展望所

사쿠라지마(桜島) 섬에서 관광객이 가장 높이 올라갈 수 있는 373m의 전망대로 페리 선착장에서 약 2㎞ 정도 떨어져 있다. 거대한 사쿠라지마(桜島)의 위용과 맞은 편 가고시마 시가지를 볼 수 있다. 올라가는 길과 교통편이 불편해 정기 관광버스를 이용해야 한다. 현재 화산 활동을 하고 있는 남악 봉우리가 가장 멋있게 보이고 1914년의 대폭발 때 생겨난 다이쇼 용암군을 볼 수 있다.

위치_ 사쿠라지마(桜島)항에서 자동차로 15분
전화_ 099-293-2525

아리무라 용암 전망대
有村溶苦展望所

용암 고원의 한 가운데에 있는 전망대로 사쿠라지마(桜島)의 웅장함과 긴코만(錦江灣)을 파노라마 전망으로 볼 수 있다. 전망대에서 용암 고원까지 약 1km의 산책 길은 화산지역에서만 볼 수 있다.

전화_ 099-226-1327

구로카미마이보쓰 도리이
異神理役島居

1914년 사쿠라지마 화산의 대폭발로 얼마나 분출물이 많이 나왔는지를 알 수 있는 상징적인 모습이다. 상부 1m만 남기로 화산분출물로 뒤덮인 구로카미진자(口神神社) 도리이를 보면 화산의 무서움을 알 수 있다.

약 30억톤의 용암과 11억톤의 돌과 화산재가 분출하여 구로카미 지구 일대는 덮여 소실되었다. 자연 재해의 무서움을 알리기 위해 복구 작업을 하지 않고 당시의 모습을 그대로 보여주기 위해 둔 역사적인 현장이다. 막상 가보면 조그맣고 지금은 흙으로 덮인 것 같아 실망을 하지만 상상으로 생각해 보아야 한다.

츠키요미 신사
月読神社

사쿠라지마항 출구 맞은편에 위치한 신사로 생각보다 규모가 작지만 사쿠라지마에서는 가장 큰 신사이다.

현지인들 사이에서 파워스팟으로 인기 있는 장소로 신사 한 편엔 오미쿠지(おみくじ/길흉을 점치는 제비)도 판매하고 있다.

주소_ 鹿児島市 桜島横山町 1722

가라스지마 전망대
烏島展望所

100년 전에는 섬이었으나 화산 폭발 이후 사쿠라지마에 연결되었다. 전망대 앞에는 대분화의 무서움을 알리는 비석이 세워져 있다.

주소_ 鹿児島市 桜島赤水町 3629-12

유노히라 전망대
湯之平展望所

사쿠라지마(桜島)에서 관광객이 올라갈 수 있는 가장 높은 전망대로 높이가 373m에 달한다.

1층은 기념품관, 2층은 전망대와 화산의 역사를 간략하게 설명해 놓은 장소로 이루어져 있다.

주소_ 鹿児島市 桜島小池町 1025
시간_ 9:00~17:00

EATING

히노시마마메구미칸
火の島めぐみ館

사쿠라지마를 일주하는 해안도로에 있는 휴게소로 미치노에키 사쿠라지마 '히노시마 메구미칸'에 위치한 상점이다.
입구의 왼쪽에는 농가 특산품과 사쿠라지마의 코미캉(작은귤)을 사용한 소프트 아이스크림을 판매하고, 오른편에는 식당이 있다.

코미캉 아이스크림(小みかんソフトクリーム)
사쿠라지마 특산품인 코미캉을 사용한 소프트 아이스크림으로 유제품이 들어가지 않은 상큼한 감귤맛이 난다. 맛은 총 3가지로 코미캉 소프트(小みかんソフト), 바닐라(バニラ), 믹스(ミックス) 중에서 고를 수 있다.

흑돼지 라멘(鹿児島黒豚ラーメン)
숙주와 파가 듬뿍 올려진 라멘은 국물의 잡내와 느끼함까지 싹 잡아준다. 국물만 먹었을 땐 조금 짜게 느껴지지만 면, 숙주와 함께 먹으면 간도 딱 적당하다.

영업시간_ 09~19시
(10~3월은 18시, 3째 주 월요일 휴무)
전화_ 099-245-2011

야부킨
やぶ金

사쿠라지마로 가는 페리 3층에 위치한 우동, 소바 전문점으로 가고시마 페리 터미널에도 가게가 있다. 주문 즉시 나오기 때문에 15분간 운행하는 페리에서도 먹을 수 있다. 인기메뉴는 야채튀김이 올라간 튀김 우동(天ぷらうどん)으로 면 자체는 평범한 편이나 위에 올라간 야채튀김이 맛있다. 우동 국물과 야채 특유의 단맛이 잘 어울린다.

영업시간_ 09~19시
(10~3월은 18시, 3째 주 월요일 휴무)
전화_ 099-245-2011

레스토랑 아르꼬 발레노
レストラン ARCO BALENO

레인보우 사쿠라지마 온천에 위치한 레스토랑이다. 식사가 가능한 시간이 단 3시간으로 짧기 때문에 시간에 맞춰야 한다. 인기메뉴는 사쿠라지마 마그마 카레(桜島マグマカレー)로 사쿠라지마 화산을 밥과 카레로 표현한 메뉴이다.

일본식 카레와 밥, 토마토 소스의 새콤함이 잘 어울리며 곁들어진 흑돼지 튀김 꼬치도 카레에 찍어먹으면 느끼함이 없어 좋다. 기본적으로 양이 꽤 많은 편이며 스프, 샐러드가 같이 나오고 200엔 추가 시 음료도 제공된다.

주소_ 鹿児島市 本港新町 4-1
시간_ 페리 운항시간
전화_ 099-223-7271

KEY COFFEE

레인보우 사쿠라지마의 레스토랑 옆에 있는 카페로 커피, 아이스크림 등을 판매한다.

시간_ 10:00~20:00

LAWSON, FamilyMart, A-COOP

레인보우 사쿠라지마와 히노시마 메구미칸 부근에 위치한 편의점, 슈퍼이다. 사쿠라지마는 상대적으로 식당 수가 적고 영업시간이 짧으니 느즈막한 오후에 방문한다면 허기를 달래는데 도움이 될 만한 장소이다.

MINATO Cafe

페리터미널에 위치한 카페로 디저트 위주이나 간단한 식사도 가능하다. 추천 디저트는 별도 메뉴판에 적혀있는 A-D까지의 메뉴이다. ⑧메뉴, 고구마 선데는 부드럽고 달달한 고구마퓨레와 차가운 소프트 아이스크림, 쌉쌀한 커피젤리의 3박자를 갖춘 디저트이다. 커피젤리의 쓴맛이 고구마와 아이스크림의 단 맛을 없애주어 뒷맛이 깔끔하다.

주소_ 鹿児島市 桜島横山町 61-4
시간_ 10:00~17:00
전화_ 099-293-2550

SLEEPING

후루사토 관광호텔
ふるさとホテル

사쿠라지마(桜島)의 후루사토온센古里温 지역에 있는 온천 호텔이다. 긴코만(錦江灣)의 아름다운 풍경이 보이는 노천탕 류진로텐부로(龍神露天風)가 유명하여 관광객의 인기를 끌고 있다.
입장료가 비싸긴 하지만 멋진 전망을 즐길 수 있는 개방적 분위기의 혼욕 노천탕은 이용할 만하다. 온천만 따로 이용할 수 있고 식사와 온천을 묶음으로 이용도 가능하다.

홈페이지_ www.furukan.co.jp
영업시간_ 08〜20시
요금_ 입욕료 1,150￥
전화_ 099-221-3111

국민숙사 레인보우 사쿠라지마
国民宿舎　レインボー桜島

온천, 식사, 카페 등이 있는 사쿠라지마의 숙박시설로 당일치기 온천 이용도 가능하다.

▶입욕료
390￥(웰컴 큐트패스, 아일랜드 버스 1일 승차권 제시 시 300￥)

렌트카 Q & A

렌트카 차량 인수는? 공항 VS 시내
가고시마여행을 출발하기 전에 미리 렌트카를 예약한다면 공항에서 바로 차량을 인수받아 사용할 수 있다. 가고시마 시내를 들어간다면 렌트카를 공항에서 받아 가는 것은 좋지 않다. 때로 이부스키로 바로 이동하는 여행자는 공항에서 차량을 받아 1시간정도 이동하면 이부스키에 도착할 수 있다.
토요타 렌트카 rent.toyota.jp / 닛산 렌트카 nissan-rentacar.com

국제 운전면허증과 운전면허증은 반드시 필요한가?
해외에서 운전을 하려면 반드시 국제 운전면허증을 대한민국에서 발급 받아와야 한다. 또한 국내에서 발급받은 자신의 운전면허증도 필요하다. 렌트카는 차량을 반납하고도 문제가 발생하면 렌트카 회사에서 결제를 하려고 신용카드도 있어야 하는 경우가 대부분이다. 때로 대마도같은 경우에는 현금으로만 가능하기도 하지만 일반적인 렌트카에서는 신용카드나 체크카드를 요구한다.

指宿

이브스키

指宿

가고시마 만의 입구에 있는 이부스키는 남쪽에 있기 때문에 연중 따뜻한 날씨를 유지한다. 또한 기리시마 화산대에 속해 있어 온천이 유명하다. 그중에서 이부스키 해변을 1m정도 파면 온천수가 솟아나 해변까지 온천수가 흐른다. 이것을 이용해 해변의 모래를 파고 안으로 들어가 모래찜질을 하는 온천이 특색이 있어 관광객을 끌어 모으고 있다. 위장병, 류마티스, 비만, 미용에 탁월한 효과를 보인다고 알려져 있다.

▶가는 방법 (열차비 : 970￥)

가고시마 시내의 중앙역에서 JR 쾌속 나노하나(약 50~55분 소요)와 보통열차(약 60~70분 소요)를 이용해 이부스키역에 도착한다.

왼쪽 보통열차, 오른쪽 JR 쾌속 나노하나 ▶

이부스키(指宿) 여행 개념잡기

이부스키(指宿) 온천을 이용하는 관광객은 대부분 가고시마 여행에서 빼놓을 수 없는 부분이다. 그런데 가고시마 시에서 1시간 정도 소요되는 이부스키로의 이동은 열차를 타는 것이 쉽지 않다. 왜냐하면 열차가 1시간에 1대씩 있는데 버스가 열차의 시간에 맞추어 이부스키역에 도착하지 않기 때문에 급하게 여행계획을 만들면 열차를 기다리는 시간이 최대 1시간까지 남는다.

1. 이부스키(指宿) 역에 도착해 열차의 시간표를 먼저 확인해야 한다.

시간표

	평일/토요일/휴일용		
4	•48		
5	33		
6	18	•52	
6	18	•52	
7	•28		
8	•08		
9	•01	31	•42
10	•10	•57	
11	•27		
12	•13	•56	
13	•32		
14	•36		
15	•07	•53	
16	•40		
17	•26	•52	
18	•29		
19	•48		
20	•42		
21	•16		
22	•26		
23			
0			

	평일/토요일/휴일용		
4			
5	57		
6			
7	•21	•28	
8	08		
9	00		
10	•10	•51	
11	•27	•34	•58
12	•11		
13	•18	•51	
14	•17		
15	•02		
16	•16	•30	
17	•14	•40	
18	•28	•30	
19	•48	•59	
20	•24		
21	•21		
22	•10		
23	•08		
0	•06		

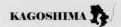

2. 출구로 나와 버스를 타고 모래찜질 온천으로 이동해야 한다. 출발하는 버스는 횡단보도를 건너 타야하고 돌아오는 버스는 왼쪽의 족욕탕 앞에 내린다.

3. 버스비는 거리에 따라 버스 내부의 정면에 표시가 되어 현금으로 계산해야 한다. 그러므로 동전을 먼저 준비하자.

4. 모래찜질은 스나무시카이칸 사라쿠(砂むし會館 砂樂)와 헬씨랜드 로텐부로(ヘルシーランド露天 風呂) 2곳이다.
이부스키(指宿)시에서 운영하는 곳은 스나무시카이칸 사라쿠이고 노천온천과 함께 바다를 시원하게 볼 수 있는 모래찜질은 헬씨랜드이니 확실히 어디를 갈지 정하고 버스를 탑승해야 한다.

5. 모래찜질 입장 티켓비에 유카타는 포함되나 수건은 포함되어 있지 않아 사전에 준비하면 좋다.

6. 온천을 끝내고 나와서 온천수로 삶은 고구마와 달걀은 색다른 꿀맛을 선사한다.

KAGOSHIMA Tip

모래찜질 순서

1. 티켓을 구입하고 입장한다.(티켓 비용에 유카타는 포함되나 수건은 포함되어 있지 않아 사전 준비요망)
2. 유카타로 갈아입고 모래찜질 장소로 이동한다.
3. 모래에 누우면 직원이 모래를 덮어준다.
4. 시간이 지나면서 땀이 나고 10~15분이 지나면 시원한 느낌을 받는다.
5. 모래를 깨끗이 씻어 내고 욕탕으로 이동한다.

모래찜질 주의사항

1. 15분 이상의 장시간 모래찜질은 저온 화상을 일으킬 수 있다.
2. 뜨겁다고 느껴지면 참지 말고 직원에게 알린다.
3. 모래에서 일어날 때는 옆 사람을 생각해 바로 일어서지 말고 앉은 다음 손과 가슴의 모래를 털고 천천히 일어난다.
4. 모래가 옆 사람에게 튀었을 때는 바로 사과를 한다.

티켓구입순서

1. 한국어선택

2. 노천탕포함인지 제외인지 선택

3. 인원선택

4. 지폐나 동전 투입

스나무시카이칸 사라쿠
砂むし會館砂樂

이부스키(指宿)로 여행가는 이유는 모래
찜질(砂むし) 온천이 주된 이유이다. 이부
스키(指宿) 시에서 직접 운영하는 대표적
온천으로 이부스키 역에서 가까워 모래
찜질만 원하는 관광객이 주로 찾는다.
이부스키(指宿) 역에서 출발해 첫 정거장
이니 앞자리에 탑승하고, 버스에 탑승할

때 버스기사에게 정확하게 이야기하면
기사가 알려준다.

홈페이지_ www11.ocn.ne.jp
영업시간_ 08시 30분~21시
요금_ 입욕료 900¥(유카타 포함, 수건 미포함)
전화_ 0993-23-3900

이부스키 이와사키 호텔
指宿いわさきホテル

이부스키(指宿) 역에서 2번째 정거장으로 이와사키 호텔은 리조트형 호텔이어서 큰 규모의 호텔이다. 호텔 안으로 버스가 들어가는데 정원에 골프장, 축구장, 테니스장, 수영장 등 많은 시설이 있어 오랜 시간을 즐기러 온 일본인이 많다.

특히 50대 이상의 고객이 주로 이용하여 젊은 분위기가 아니어서 외부이용객은 거의 없다. 호텔에서 운영하는 모래찜질 온천이 있다. 스나무시카이칸보다 150¥ 이 더 비싸지만 호텔의 최신 시설을 이용할 수 있는 장점이 있다.

방의 크기도 매우 커서 트윈룸에 엑스트라 베드를 넣어도 침대 간 간격이 여유가 있다. 한국인 직원이 있어 편리하다.

대욕장은 2개인데, 하나는 일반적인 대욕장이며, 모래찜질에 바다를 내려다보는 실내온천이 한적하게 즐기기 좋다. 저녁은 이태리, 중식, 일식 중 선택이 가능하다. 여름에는 특정요일에 폭죽놀이를 진행하기도 한다.

홈페이지_ ibusuki.iwasakihotels.com
주소_ 児島県指宿市十湯二の町浜 3755
위치_ 이부스키(指宿) 역에서 출발해 2번째 정거장
영업시간_ 05시30분~23시
전화_ 0993-22-2131

KAGOSHIMA Tip

족욕 즐기기

이부스키에서 온천을 즐기러 갈 때나, 즐기고 돌아올 때 열차시간까지 짜투리 시간이 남게 된다. 이때 온천기분을 느낄 수 있는 족욕을 해보자. 전 연령대에서 큰 인기로 특히 가족 여행자라면 다 같이 즐겨보자. 발을 담그고 앉아서 대화를 나눈다면 속마음도 털어놓기가 좋다.

평일기준
▶이브스키역 출발 : 08:20, 08:25, 10:30, 12:20, 14:00, 15:40
▶헬씨랜드 출발 : 09:36, 10:51, 12:06, 13:46, 14:56, 17:05

주말기준
▶이브스키역 출발 : 07:50, 08:20, 09:25, 10:30, 12:20, 14:00, 15:40, 16:15
▶헬씨랜드 출발 : 09:36, 10:51, 12:06, 13:46, 14:56, 17:06, 17:41

헬씨랜드 로텐부로
ヘルシーランド露天風呂

이부스키(指宿)에서 가장 아름다운 해변의 풍경을 감상하면서 모래찜질과 노천온천까지 즐길 수 있는 최고의 온천이다. 1년 내내 푸른 바다가 펼쳐지고 오른쪽으로 우뚝 솟아있는 가이몬 다케가 보여 웅장하기까지 하다.
이부스키를 방문하는 많은 관광객은 헬씨랜드로 가서 모래찜질과 노천온천을 즐긴다. 모래찜질 후 온천수로 삶은 달걀과 고구마는 별미이다.

주소_ 鹿児島県指宿市福元 3340
위치_ 이부스키(指宿) 역에서 출발해 10번째 정거장
영업시간_ 09시 30분~19시
          (11~3월까지 18시 30분/매주 목요일 휴무)
요금_ 입욕료 1,130¥(1~13세 620¥)
전화_ 0993-35-3577

이케다코
泯田湖

스코틀랜드의 하이랜드의 인버네스 호수를 모방해 괴물호수로 호수를 알리기 시작했다. 1961년 거대한 생물이 존재한다는 소문이 돌았는데 거짓말이라는 설이 정설이다. 그래서 호수 입구에는 웃음이 나오는 석상이 있다.

규슈 최대의 칼데라 호수로 약 5,500년 전에 분화로 만들어졌다. 지금이 약 3.5km, 둘레 15km, 수심 223m에 이르는 이케다코 주변은 봄마다 아름다운 유채꽃이 많이 피어 관광객이 절정에 이른다. 호수에서 잡히는 무태장어가 있지만 너무 남획되어 지금은 천연기념물로 지정되었다.

이케다코행

▶이부스키 출발 : 09:50, 13:10, 16:05 (주말 운행 안함)
▶이케다코 출발 : 08:44, 10:34, 11:39, 15:14

주소_ 鹿児島県指宿市　田湖
위치_ 이부스키(指宿) 역에서 출발해 가이몬에키마 방향으로 30분 이동
전화_ 0993-22-2111(이부스키 상공관광과)

나가사키바나
長崎鼻

용궁의 코(竜宮鼻)라는 별명을 가진 사쓰마 반도의 남쪽에 있는 풍경이 아름다운 장소이다. 굽어있는 해안 풍경에 나가사키바나 등대에서 가이몬다케(開聞兵)의 웅장한 모습을 감상할 수 있다.

풍경이 아름답기는 하지만 다른 관광기반시설이 없어 관광객을 많이 끌어모으지는 못하고 있다. 여름과 가을의 해지는 풍경이 아름답기로 유명하여 보고 싶다면 다시 가고시마로 당일에 돌아가기는 힘들다. 근처에 전설이 내려오는 류구진자(竜宮神社)가 있다.

위치_ 나가사키바나 역에서 하차
전화_ 0993-22-2111

높이가 낮지만 등산로가 잘 정비되어 산에 오르면 파노라마 풍경에 감탄한다. 많은 날에는 가이몬다케(開聞兵)에서 야쿠시마(居久島)까지도 관찰할 수 있다고 한다. 산을 오르면 산기슭에 말을 키우고 아열대식물도 보여 제주도와 풍광이 비슷한 느낌을 받는다.

가이몬다케
開聞兵

가이몬다케(開聞兵)는 '후지산'과 비슷하다고 하여 사쓰마의 '후지산'이라는 별칭을 가지고 있을 정도로 웅장하다. 약 4,000년 전에 활발한 화산 활동을 한 원추형 화산으로 885년에 분화하여 지금의 형태를 갖게 되었다.

가이몬다케 왕복 버스 시간표
평일기준
▶ 이브스키역 출발 : 07:00, 09:10, 10:50, 12:40, 14:30, 16:25, 17:30
▶ 사이몬구치 출발 : 07:53, 08:53, 11:03, 12:45, 14:33, 16:23 18:18

주말기준
▶ 이브스키역 출발 : 09:10, 11:00, 14:30, 17:30
▶ 나가사키바나 출발 : 08:53, 11:03, 12:45, 16:23

위치_ 이부스키 역에서 약 40∼50분
전화_ 0993-22-2111

니시오야마(西大山驛)

JR 최남단역인 니시오야마(西大山驛)는 폐쇄된 역이었다가 지금은 무인역으로 관광객이 사진을 찍으러 오는 역이다. 일본도 역시 기차역을 이용하는 인구가 줄어들면 폐쇄했다가 '최남단'이라는 문구로 지금은 최남단 역으로 소박한 역을 보기 위해 방문한다.

근처로 오는 버스가 없어서 찾아가기 쉬운 곳은 아니지만 JR패스 등을 이용해 올 수 있다. 니시오야마까지 올 수 있는 기차가 하루에 몇 대 없는 점을 생각하고 일정을 계획해야 하니 3박4일 이상의 여행일 때 방문을 추천한다. 근처의 상점에서 일본 최남단 역 도착 증명서를 100¥에 팔고 있는데, 기념으로 반드시 가지고 간다.

EATING

멘야 지로
Menyajiro

이부스키역에서 왼쪽으로 도로를 따라가
면 세븐일레븐 편의점이 나오는데 횡단
보도 건너기 전의 왼쪽에 위치해 있다.
2017년 8월에 문을 열었지만 뉴욕에도 라
멘집이 인기가 있어 단시간에 이부스키
의 맛집으로 올라있는 식당이다.
가격도 600¥부터 시작되어 부담도 없다.
일단 먹으면 빠져드는 맛이 일반적인 일
본의 라멘과는 다른 맛이다.

홈페이지_ www.menyajiro.com
주소_ 指宿市開聞十町 1934-4
영업시간_ 11:00~16:00, 18:00~02:00
전화_ 099-324-5742

초주안
焦儔峽

도센코(唐船峽)와 비슷한 이부스키의 음식점으로 역시 소멘나가시로 차가운 물에서 흐르는 면이 쫄깃하다. 도센코 근처에는 흐르는 물에 국수를 잡아 면을 먹는 식당이 몇곳이 있다. 도센코에 이어 초주안도 인기가 많다.

도센쿄
唐船峽

TV프로그램인 배틀트립에 소개된 흐르는 물에 젓가락으로 감기는 면을 먹는 유명한 소멘나가시이다. 차가운 물에서 흐르는 면은 쫄깃하고 맛있게 먹으면 된다. 국수의 질감이 좋고 물이 쏙 빠져나가 먹기에 좋다. 여기에서 또한 회도 주문하지만 신선도가 높지는 않아서 국수에 맥주 정도 먹으면 될 것이다.

홈페이지_ www.ibusuki.or.jp
주소_ JR이부스키역에서 가고시마교통버스의 가이몬에키 · 히가시오오카와행 버스에 탑승하여 도센쿄 정류장에서 하차 (약 30분 소요)
주소_ 指宿市開聞十町 5967
영업시간_ 오전 10시 영업시작
4/1~4/28 17:00, 4/29~5/8 19:00, 5/9~6/30 17:00, 7/1~7/19 19:00, 7/20~8/31 20:00, 9/1~9/30 19:00, 10/1~10/31 17:00, 11/1~2/28 15:00, 3/1~3/31 17:00(연중무휴)
전화_ 0993-32-3155

주소_ 指宿市開聞十町 5967
영업시간_ 11:00~16:00, 18:00~02:00
전화_ 0993-32-2143

온타마란돈 초주안
焦僑峽

야마와에서 생산되는 고구마 계란을 이부스키의 모래찜질에서 삶아내어 가고시마 흑돼지나 참치에 올려 먹는 덮밥을 이야기한다. 고구마와 가다랑어 머리를 으깨 먹이는 닭은 DHA함유량이 특히 높다고 한다.

이 온타마란돈을 이용한 맛집이 초주안이다. 흑돼지를 이용한 소보루동과 참치가 들어간 사시미동, 밥에 양배추를 올려 잘게 다진 흑돼지에 계란을 올린 요리가 특히 인기메뉴이다.

주소_ 指宿市開聞十町 2167-1
영업시간_ 10:00~20:00
전화_ 0993-22-5272

구로부타토 교도
黑豚地鶏

이부스키 역에서 가까워 기차를 기다리면서 빨리 먹을 수 있는 식당으로 오랜 시간 이부스키의 맛집으로 알려져 있다. 구운 돼지고기와 삶은 달걀을 밥에 올려놓아 마지막을 플레이팅한다. 다양한 돈가스와 회 등은 이부스키 역에서 기차를 기다리면서 먹으면 여행의 추억을 살릴 수 있는 곳이다.

주소_ 指宿市開聞十町 1-2-11
영업시간_ 11:00~20:00
전화_ 0993-22-3356

居久島

야쿠시마

야쿠시마(居久島)가 지금의 인기를 얻게 된 것은 미야자키 하야오 감독의 인기 에니메이션 '원령공주(もののけ姫)'의 배경이 된 섬으로 나왔기 때문이다. 가고시마에서 남쪽으로 약 60㎞지점에 있는 오각형 모양의 섬으로 면적은 약 504㎢이다. 규슈에서 가장 높은 산인 해발 1,936m의 미야노우라다케가 우뚝 솟아 있다. 남쪽 바다에서 불어오는 수증기를 많이 함유한 바람이 높은 산에 부딪쳐 거의 매일 비가 온다라는 말이 있을 정도로 강수량이 많은 섬이다. 강수량이 많은 아열대 섬이 원시림이 그대로 보존되어 1993년 유네스코에서 지정한 세계자연유산으로 등록되었다.

가는 방법
▶항공 : 가고시마 국내선으로 30분 정도 지나면 야쿠시마 공항에 도착한다.
▶페리 : 고속페리는 1시간 45분 정도, 일반페리는 4시간 정도 소요되어 미야노우라항에 도착한다.

야쿠시마(居久島) 개념잡기

야쿠시마(居久島)는 1,000m이상의 산으로 이루어져 있어 버스의 운행편수가 적어 대중교통은 매우 불편하다. 야쿠시마 여행은 대부분 짧은 시간의 렌트를 하여 다니기 때문에 노선버스를 타고 다닐 경우는 거의 없다. 현지인들은 등산을 위해 야쿠시마에 온 관광객으로 약 8시간의 등산으로 왕복이 가능하기 때문에 아침 일찍 야쿠시마로 와서 등산을 하고 다시 가고시마로 돌아가는 일본인이 대부분이다. 야쿠시마를 제대로 보려면 2박3일은 필요하다.

추천일정
야쿠시마(居久島) 미야노오루항(도보 5분) → 환경문화촌센터(자동차 30분 / 버스 50분) → 시라타니운스이쿄(자동차 40분 / 버스 50분) → 센피로노타키(자동차 15분 / 버스 25분) → 야쿠스니랜드

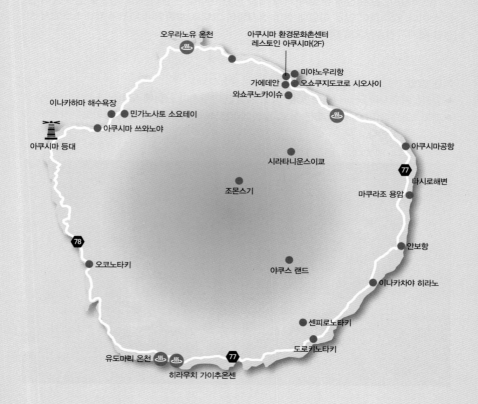

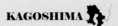

시라타니운스이쿄 대표적인 코스

시라타니이리구치(白谷入口 / 걸어서 10~20분) → 히류오토시(飛竜おとし / 걸어서 5~10분) →
니다이오스기(二代大杉 / 걸어서 60~80분) → 구구리스기(くぐり杉 / 걸어서 5~10분) → 시라타
니고야(白谷小屋 / 걸어서 10~20분) →모노노케히메노모리(もののけ姫の森)

시라타니이리구치 | 白谷入口

시타타니운스이쿄의 입구로 오른쪽으로 돌아 산택로로 들어가면 삼나
무인 야요이스기를 볼 수 있고 그 길을 따라 직진만 해야 한다. 다른 곳
으로 들어가면 길을 잃는다.

히류오토시 | 飛竜おとし

용이 몸을 비틀며 올라가는 모습이 연상되는 폭포이다. 폭포를 감상하
도록 길옆에는 의자가 있으니 쉬어가자.

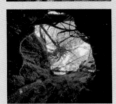

니다이오스기 | 二代大杉

거대한 야쿠스기로 높이가 32m나 되고 둘레가 4.4m에 이르는 나무에
구멍이 나 있는데 사람이 지나갈 수 있을 정도이다.

구구리스기 | くぐり杉

원령공주(모노노케히메노모리/もののけ姫り)의 출입문으로 나온 야쿠
스기인데 가장 몽환적인 분위기이기 때문에 에니메이션의 장면이 연상
된다. 쓰러진 나무는 말라 흔적만 남아 있고 주변에 기생하는 이끼류가
비와 안개가 어울려 꿈속의 한 장면을 연상시킨다.

시라타니고야 | 白谷小屋

걷다가 화장실을 이용하고 싶다면 꼭 들러야 하는 무인 산장으로 쉬면
서 코스에서 만난 사람들과 이야기 나누기 좋다.

모노노케히메노모리 | もののけ姫の森

왜 야쿠시마에 왔냐고 묻는다면 이곳을 보기 위해 온 것이라고 대부분
의 관광객이 대답한다. 신비한 숲으로 압도적이고 아름다운 풍경이 원
령공주(もののけ姫)의 한 장면을 연상하게 된다.

환경문화촌센터
環境文化村センター

야쿠시마(居久島) 여행을 하려면 지도와 정보가 필요하기 때문에 반드시 들러 자연, 문화, 생활에 대한 정보(무료)를 얻는 것이 좋다. 인간과 자연의 공생을 섬에 만들기 위해 개관하여 섬의 자연을 영상으로 소개하고 동식물과 야쿠시마(居久島)에서의 삶에 대해 소개하고 있다.

홈페이지_ www.yakushima.or.jp
주소_ 鹿児島県熊毛郡屋久島町宮之浦823-1
위치_ 미야노우라 항에서 도보5~10분 소요
시간_ 09~17시 (매주 월요일 휴무)
전화_ 553-8140

시라타니운스이쿄
白浴雲水坪

미야노우라가와(宮之浦川)의 하천인 시라티가와(白浴川) 상류에 있는 자연 휴양림으로 원시림과 청정 자연이 어우러져 만들어진 협곡이다.

해발 800m의 계곡 주변으로 광대한 지역에 수천그루의 나무와 꽃들이 원시의 자연 그대로 자리 잡고 있는데, 생태박물관이라고 할 정도이다. 수려한 자연 풍경은 미야자키 하야오 감독의 에니메이션 원령공주(もののけ姫)의 배경이 되어 유명해졌다.

계곡에는 다양한 산책코스가 있어 시간에 맞추어 여행을 하면 된다. 코스는 어렵지 않기 때문에 자신의 여행시간에 맞추어 산책을 하면 된다.

주소_ 鹿児島県熊毛郡屋久島町宮之浦
입장료_ 500¥(삼림정비 협력금)
전화_ 0997-49-4010(야쿠시마 관광협회)

센피로노타키
千尋の滝

미야자키하야오 감독의 에니메이션인 센과 치히로의 행방불명(千と千尋の神隠し)에서 치히로(千尋)라는 이름을 따온 폭포로 거대한 화강암 지대의 못초무다케(モッチョム岳)에 있는 폭포이다.
오랜 세월에 걸쳐 흐르는 강물의 힘이 만들어낸 'V자형 협곡'사이로 내려오는 폭포수를 보면 가슴이 뻥 뚫린다. 야쿠시마에서 가장 아름다운 폭포로 알려져 있다.

주소_ 鹿児島県熊毛郡屋久島町原
전화_ 0997-49-4010(야쿠시마 관광협회)

야쿠스기랜드
ヤクスギンド

해발1,000~1,300m에 있는 서울의 절반 정도의 엄청난 크기의 섬에 자연 상태 그

대로 원시림이 눈앞에 펼쳐진 자연 휴양림으로 만들었다. 4가지의 코스가 있는데, 대부분 1시간 20분의 가장 짧은 코스를 선택한다. 6㎞ 정도의 코스에는 수령 3,000년이 된 기겐스키와 각종 기생 식물이 붙은 장면을 볼 수 있다.

주소_ 鹿児島県熊毛郡屋久島町國有林內
시간_ 09~17시
요금_ 500¥
전화_ 0997-49-4010

야쿠스기랜드 가이드 지도

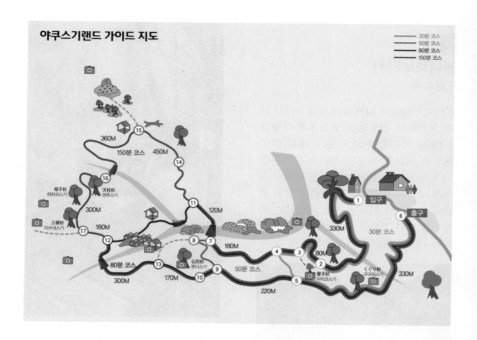

30분 코스
50분 코스
80분 코스
150분 코스

360M
15
150분 코스   450M
14
16
母子杉
하하코스기   天柱杉
덴추스기
300M
11
120M
三根杉
미쓰네스기   180M
17   12
8   7
180M
80분 코스   13   170M   仏陀杉
붓다스기   50분 코스
300M   9
10   220M
330M
1 입구
330M
30분 코스
6 출구
4   3
80M
2
5   愛子杉
아이코스기
くぐり杉
구리스기
330M

조몬스기
縄文杉

아라카와 댐(荒川ダム)의 등산로부터 왕복 8~9시간 정도의 등산 코스를 걸어간다. 높이 25.3m, 둘레16.4m, 수령 7,200년이라는 엄청난 나이를 가진 야쿠시마의 상징인 야쿠스기(屋久杉)의 대표 삼나무이다. 인간의 역사보다 오래된 숲과 신처럼 숭배를 받는 삼나무를 보면 감탄만 절로 나온다. 이곳은 대부분 가이드와 함께 동행 하는데 혼자서 길을 잘못 들어가면 헤메기 쉬운 곳이다.

위치_ 공항에서 자동차로 60~70분 정도 소요
전화_ 0997-49-4010

오코노타키
大川の滝

88m의 높이에서 내려오는 야쿠시마 최대의 폭포로 엄청난 물의 양이 바위를 따라

떨어지는 모습이 장엄하다. 수량에 따라 모습이 천차만별이라 실망도 하고 감탄도 한다. 폭포수의 물보라가 피어오르기 때문에 방수되는 옷을 입고 다가가는 것이 좋다.

여행 일본어 필수회화

일본어	발음	한국어
こんにちは	콘니치와	안녕하세요
ありがとうございます	아리가토- 고자이마스	감사합니다
はい / いいえ	하이 / 이이에	네 / 아니요
すみません	스미마셍	실례합니다 / 죄송합니다
大丈夫です	다이죠-부 데스	괜찮습니다
いくらですか	이쿠라데스까	얼마입니까?
いります/いりません	이리마스 / 이리마셍	필요합니다 / 필요없습니다
います/いません	이마스 / 이마셍	(사람,동물) 있습니다/없습니다
あります/ありません	아리마스 / 아리마셍	(사물) 있습니다 / 없습니다
わかりません	와카리마셍	모르겠습니다
私は日本語が話せません	와타시와 니홍고가 하나세마셍	저는 일본어를 못합니다
～から/～まで	～카라 / ～마데	～에서 / ～까지
お願いします	오네가이시마스	부탁드립니다
～に/へ 行きます	～니/헤 이키마스	～에 갑니다
～ください	～쿠다사이	～(해)주세요
この・その・あの～	코노 · 소노 · 아노 ～	이□그□저 ～
これ・それ・あれ	코레 · 소레 · 아레	이것□그것□저것
ここ・そこ・あそこ	코코 · 소코 · 아소코	여기□거기□저기
どの・どれ・どこ	도노 · 도레 · 도코	어느□어느것□어디
～です/～ですか	～데스 / ～데스까	～입니다 / ～입니까
～(し)たいです	～(시)타이데스	～하고 싶습니다

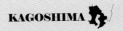

〈기내에서〉

일본어	발음	한국어
○○番の席はどこですか？	○○방노 세키와 도코데스까?	○○번 자리는 어디입니까?
毛布を1枚貸してください。	모후오 이치마이 카시테 쿠다사이	담요를 1장 빌려주세요.
あちらの席に替っても いいですか？	아치라노 세키니 카왓테모 이이데스까?	저쪽 자리로 바꿔도 될까요?
気分が悪いです。	키분가 와루이데스	몸 상태가 좋지 않습니다.
コーヒー / ビール を お願いします。	코-히- / 비-루 오 오네가이시마스	커피 / 맥주를 부탁합니다.
入国カードの書き方を 教えてください。	뉴-코쿠 카-도노 카키카타오 오시에테 쿠다사이	입국 카드 작성법을 알려주세요.
乗り物酔いの薬があったら 欲しいですが。	노리모노 요이노 쿠스리가 앗타라 호시이데스가	멀미 약이 있다면 받고 싶습니다만...
薬を飲むので水をください。	쿠스리오 노무노데 미즈오 쿠다사이	약을 먹을 수 있게 물 좀 주세요.

〈공항에서〉

일본어	발음	한국어
パスポートを見せてください。	파스포-토오 미세테쿠다사이	여권을 보여주세요.
旅行の目的は何ですか？	료코-노 모쿠테키와 난데스까?	여행 목적은 무엇입니까?
観光です。	칸코-데스	관광입니다.
申告する物はありません。	신코쿠스루 모노와 아리마셍	신고할 것이 없습니다.
荷物が出てこないんです。	니모츠가 데테코나인데스	짐이 나오지 않습니다.
両替所はどこですか？	료-가에쇼와 도코데스까?	환전소는 어디입니까?
バス / タクシー 乗り場はどこですか？	바스 / 타쿠시- 노리바와 도코데스까?	버스 / 택시 승강장은 어디입니까?
搭乗ゲートは何番ですか？	토-죠- 게-토와 난방데스까?	탑승 게이트는 몇 번입니까?
窓側の席にお願いします。	마도가와노 세키니 오네가이시마스	창가 쪽 좌석으로 부탁드립니다.

〈교통수단 이용시〉

일본어	발음	한국어
～まで行きますか？	～마데 이키마스까?	～까지 갑니까?
～までお願いします。	～마데 오네가이시마스	～까지 부탁드립니다.
このバスは○○に行きますか？	코노 바스와 ○○니	이 버스는 ○○에 갑니까?
バス/市電/タクシー は	이키마스까?	버스/노면전차/택시는
どこで乗りますか？	바스/시덴/타쿠시ー 와 도코데 노리마스까?	어디서 타야합니까?
切符はどこで買いますか？	킵푸와 도코데 카이마스까?	표는 어디서 사야합니까?
料金はいくらですか？	료ー킨와 이쿠라데스까?	요금은 얼마입니까?
ここで止めてください。	코코데 토메테 쿠다사이	여기서 멈춰주세요.
何時に発車しますか？	난지니 핫샤시마스까?	몇시에 출발합니까?

〈호텔에서〉

일본어	발음	한국어
チェックイン/チェックアウト したいです。	첵쿠인 / 첵쿠아우토 시타이데스	체크인 / 체크아웃 하고 싶습니다.
予約者の名前は○○です。	요약쿠샤노 나마에와○○데스	예약자 이름은 ○○입니다.
荷物を (～時まで) 預かって ください。	니모츠오(～지마데) 아즈캇테 쿠다사이	짐을 (～시까지) 맡아주세요.
もう一泊泊りたいです。	모우 잇파쿠 토마리타이데스	하루 더 묵고 싶습니다.
空いてる部屋はありますか？	아이테루 헤야와 아리마스카?	비어있는 방이 있습니까?
鍵を無くしました。	카기오 나쿠시마시타	열쇠를 잃어버렸습니다.
クーラー/暖房 が効きません。	쿠ー라ー/단보우 가 키키마셍	에어컨 / 난방이 나오지 않습니다.
お湯がでません。	오유가 데마셍	온수가 나오지 않습니다.
部屋の中に忘れ物を してしまいました。	헤야노 나카니 와스레모노 오시테시마이마시타	방 안에 물건을 두고 왔습니다.

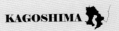

〈거리관광〉

일본어	발음	한국어
○○はどこですか？	○○와 도코데스까?	○○는 어디입니까?
地図 / 案内パンフレット を持って行ってもいい ですか？	치즈/안나이팜프렛토 오못테잇테모 이이데스까?	지도/안내팜플렛을가져가도 되나요?
入場料はいくらですか？	뉴-죠-료와 이쿠라데스까?	입장료는 얼마입니까?
この チケット / クーポン 使えますか？	코노 치켓토 / 쿠-폰 츠카에마스까?	이 티켓/쿠폰 사용할 수 있습니까?
今日、予約できますか？	쿄- 요야쿠 데키마스까?	오늘 예약 할 수 있나요?
ここで写真を撮っても いいですか？	코코데 샤신오 톳테모 이이데스까?	여기서 사진을 찍어도 됩니까?
写真を撮ってもらえますか？	샤신오 톳테 모라에마스까?	사진을 찍어 주실 수 있나요?
～はどこで公演していますか？	～와 도코데 코-엔 시테이마스까?	～는 어디서 공연합니까?

〈쇼핑〉

일본어	발음	한국어
それを見せてください。	○○와 도코데스까?	○○는 어디입니까?
試着してもいいですか？	치즈/안나이팜프렛토 오못테잇테모 이이데스까?	지도/안내팜플렛을가져가도 되나요?
これをください。	뉴-죠-료와 이쿠라데스까?	입장료는 얼마입니까?
在庫がありません。	코노 치켓토 / 쿠-폰 츠카에마스까?	이 티켓/쿠폰 사용할 수 있습니까?
○○はどこにありますか？	쿄- 요야쿠 데키마스까?	오늘 예약 할 수 있나요?
カード払いはできますか？	코코데 샤신오 톳테모 이이데스까?	여기서 사진을 찍어도 됩니까?
袋に入れてください。	샤신오 톳테 모라에마스까?	사진을 찍어 주실 수 있나요?
別々に包んでください。	～와 도코데 코-엔 시테이마스까?	～는 어디서 공연합니까?
払い戻しできますか？	하라이모도시 데키마스까?	환불이 됩니까?

〈레스토랑에서〉

일본어	발음	한국어
○○料理のお店はありますか？	○○료―리노 오미세와 아리마스까?	○○요리점은 있습니까?
予約が無くても	요야쿠가 나쿠테모 카마이마셍까?	예약을 하지 않아도 괜찮습니까?
英語/韓国語　の メニューはありますか？	에이고 / 칸코쿠고 노 메뉴와 아리마스까?	영어 / 한국어 메뉴는 있습니까?
注文お願いします。	츄―몬 오네가이시마스	주문 부탁드립니다.
おすすめ/ベスト は何ですか？	오스스메 / 베스토 와 난데스까?	추천 / 베스트 메뉴는 무엇인가요?
これはどういう料理ですか？	코레와 도우이우 료―리데스까?	이것은 무슨 요리입니까?
注文した料理と違います。	츄―몬시타 료―리토 치가이마스	주문한 요리와 다릅니다.
会計お願いします。	카이케이 오네가이시마스	계산 부탁드립니다.
領収書ください。	료―슈―쇼 쿠다사이	영수증 주세요.

〈트러블 발생〉

일본어	발음	한국어
部屋に鍵をおいたまま 締めました。	헤야니 카기오 오이타마마 시메마시타	방에 열쇠를 둔 채로 문을 잠갔습니다.
ドアが閉って入れません。	도아가 시맛테 하이레마셍	문이 잠겨서 들어갈 수 없습니다.
道を迷いました。	미치오 마요이마시타	길을 잃었습니다.
車から変な音がします。	쿠루마카라 헨나 오토가 시마스	차에서 이상한 소리가 나요.
エンジンがかからないんです。	엔진가 카카라나인데스	시동이 걸리지 않습니다.
警察を呼んでください。	케이사츠오 욘데 쿠다사이	경찰을 불러주세요.
韓国語が話せる人はいますか？	칸코쿠고가 하나세루 히토와이마스까?	한국어를 할 수 있는 사람이 있습니까?
パスポートを無くしました。	파스포―토오 나쿠시마시타	여권을 잃어버렸습니다.
物を盗まれました。	모노오 누스마레마시타	물건을 도둑맞았습니다.

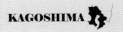
기본 단어

여권	パスポート	파스포-토
비자	ビザ	비자
경찰	警察	케이사츠
대사관	大使館	타이시칸
공항	空港	쿠-코-
항공권	航空券	코-쿠-켄
비행기	飛行機	히코-키
입국카드	入国カード	뉴-코쿠 카도
여행안내소	旅行案内所	료코 안나이쇼
버스	バス	바스
지하철	地下鉄	치카테츠
열차	列車	렛샤
택시	タクシー	타쿠시-
역	駅	에키
지갑	財布	사이후
돈	お金	오카네
환전소	両替所	료-가에쇼
은행	銀行	긴코우
전화	電話	뎅와
사진	写真	샤신
카메라	カメラ	카메라
매표소	切符売り場	킵푸우리바
입장권	入場券	뉴-죠-켄
영업시간	営業時間	에-교-지칸
화장실	トイレ	토이레
병원	病院	뵤-인
드럭스토어	ドラッグストア	도락구 스토아
식당	食堂	쇼쿠도-
선술집	居酒屋	이자카야
카페	カフェー	카훼-
편의점	コンビニ	콘비니
백화점	デパート	데파-토
코인락커	コインロッカー	코인록카-
자판기	自販機	지한키

1	いち	이치
2	に	니
3	さん	산
4	よん/し	욘/시
5	ご	고
6	ろく	로쿠
7	なな/しち	나나/시치
8	はち	하치
9	きゅう	큐-
10	じゅう	쥬-
100	ひゃく	햐쿠
1000	せん	센
10000	まん	만
하나	ひとつ	히토츠
둘	ふたつ	후타츠
셋	みっつ	밋츠
~명(인수)	~めい	~메이
1명/혼자	ひとり	히토리
오전	午前	고젠
오후	午後	고고
밤	夜	요루
가다	行く	이쿠
먹다	食べる	타베루
쭉	まっすぐ	맛스구
왼쪽/오른쪽	左/右	히다리/미기
앞/뒤	前/後	마에/우시로
모퉁이	角	카도
맞은편	向う側	무코-가와
돌다	曲がる	마가루
크다/작다	大きい/小さい	오오키이/치이사이
많다/적다	多い/少ない	오오이/스쿠나이
싸다/비싸다	安い/高い	야스이/다카이

조대현

63개국, 198개 도시 이상을 여행하면서 강의와 여행 컨설팅, 잡지 등의 칼럼을 쓰고 있다. MBC TV 특강 2회 출연(새로운 나를 찾아가는 여행, 자녀와 함께 하는 여행)과 꽃보다 청춘 아이슬란드에 아이슬란드 링로드가 나오면서 인기를 얻었고, 다양한 강의로 인기를 높이고 있으며 '트래블로그' 여행시리즈를 집필하고 있다.

저서로 크로아티아, 모로코, 호주, 가고시마, 발트 3국, 블라디보스토크, 퇴사 후 유럽여행 등이 출간되었고 후쿠오카, 러시아 & 시베리아 횡단열차, 폴란드, 체코&프라하, 아일랜드 등이 발간될 예정이다.

폴라 http://naver.me/xPEdlD2t

장희애

여행에 관해서는 언제나 낙관주의, 아직 가고 싶은 곳도 하고 싶은 것도 산더미처럼 많은 여행자. 가벼운 마음으로 갔던 일본여행의 매력에 빠져 전공이 아닌 일본어를 공부하고, 우연한 기회로 자연에 둘러싸인 섬 대마도로 건너가 1년 동안 생활하면서 규슈지역을 여행했다. 여행을 계획하는 '자신'을 만족 시킬 수 있는 책을 만드는 것을 목표로 매진하고 있다.

트래블로그

가고시마

초판 3쇄 인쇄 ㅣ 2018년 12월 28일
초판 3쇄 발행 ㅣ 2018년 12월 28일

글 ㅣ 조대현, 장희애
사진 ㅣ 조대현
펴낸곳 ㅣ 나우출판사
편집 · 교정 ㅣ 박수미
디자인 ㅣ 서희정

주소 ㅣ 서울시 중랑구 용마산로 669
이메일 ㅣ nowpublisher@gmail.com

ISBN 979-11-89553-18-0 (13980)

※ 일러두기 : 본 도서의 지명은 현지인의 발음에 의거하여 표기하였습니다.